JN040869

科学のとびら 65

新版

鳥はなぜ集まる？

群れの行動生態学

上田恵介 著

東京化学同人

はじめに

もうずっと昔。京都の宇治川ではじめてツバメのねぐらを見た日のことをいまでも鮮明に思い出します。夏の夕暮れ、堤防の上に立っていると、南に広がる巨椋（おぐら）の田んぼの方からツバメたちはやってきました。かれらは堤防の上を低く飛び越えて、河原のヨシ原に集まり始めました。堤防に立っていると、体スレスレにツバメたちが流れていきます。振り返って川の方を見ると、ヨシ原の上はまるでウンカの大群のように、飛んでいるツバメだらけです。

ツバメたちはヨシ原にやってきても、すぐにはヨシ原に降りません。いつまでもヨシ原の上を飛んでいます。陽も沈んで、堤防の上を闇がつつみ始めました。あたりが真っ暗になる直前、突然、巨大な蚊柱のように舞い上がったツバメたちは、一瞬のうちにねぐらにおさまったのです。数万羽のツバメを飲み込んだヨシ原はひっそりとして、もうウマオイとクツワムシの声しか聞こえませんでしたが、私はしばらく蚊に食われながら堤防の上に立ちつくしていました。

群れている鳥に出会うときの気持ちは、どういったらいいのでしょう。宮城県の伊豆沼。朝早く仙台から石巻へ向かう仙石線で、窓の外を列車に並んで飛んでいたマガンの群れ。「ピポポポポ…」という声に見上げると、ハマナスの咲く網走の原生花園の上空を見事な編隊で飛び去ったチュウシャクシギの群れ。真冬の琵琶湖の湖上。小さなかたまりになっていて、近づく船にいっせいに潜った二〇〇羽ものハジロカイツブリの群れ。群れを成している鳥との出会いは、いつもどきどきするような興奮を私に与えてくれます。

遠くへ行かなくても、私たちの生活のなかで、鳥の群れは身近な存在です。まわりには群れをつくって生活するいろんな鳥がいます。街中の街路樹に集まるスズメやムクドリの群れ。夕暮れにねぐらへ急ぐカラスの群れ。最近はめったに見なくなりましたが、イネが少し伸びてきた水田に降りて餌を探すシラサギの群れも、どれも自然の風物詩として私たちの生活に息づいていました。

群れ生活は、ほとんどの鳥の生活史に組込まれています。その生涯において、まったく群れをつくらない鳥はほとんどありません。なぜ鳥たちは群れをつくるのでしょうか。そして、なぜある種は群れをつくり、別の種はつくらないのでしょうか。群れ生活か単独生活かはどのようにして決まるのでしょうか。ある鳥が決まった季節にだけ群れをつくるのは、どうしたわけなのでしょうか。

鳥たちがその場その場の気分で群れをつくっているのではないかぎり、群れることについて何らかの理由があるはずです。つまり生態学的にいうと、どのような環境要因が鳥たちに群れ形成を選ばせるのでしょうか。行動学的には、群れはどのようなしくみで維持されているのでしょう。また群れ行動を、進化と適応という行動生態学的な観点から考えると、群れをつくることはその群れの構成メンバー一羽一羽にとってどのような利益があるのでしょうか。鳥の群れを見ているといろいろな疑問が湧き起こってきます。

いつ、どこで、どんな鳥が、そして何のために群れをつくっているのか、この答えを得るために、まずどんな群れがあるか、日本にすむいくつかの鳥の群れをみてみましょう。

目次

第1章　いろいろな群れ……1
渡りの群れ／冬の群れ／集団で繁殖する鳥たち／協同繁殖する鳥たち／混群をつくる鳥／集団ねぐら

第2章　ねぐらはエサの情報センター？……19
ねぐらでエサの情報交換／カナダのオオアオサギ／コウヨウチョウ―実験結果は仮説を支持／コンドルたちも情報センター／情報はどんなふうに伝わるのか／エバーグレイズのシロボウシバト／ＤＡＣ仮説―ねぐらとエサ場の関係は？

第3章　鳥は寝る前に集まる……37
ムクドリたちのマスゲーム／コサギのねぐら入り／トンビはゆっくりねぐら入り／仲間を集める広告機能／自分たちの数を数える

第4章　みんなで食べるとどうなるか……45
サギが白いのは伊達じゃない／海鳥たちの集団漁業／越冬ツバメの共同ハエ取り／同じところは二度探すな―モハベ砂漠のフィンチ類／再生可能資源をうまく利用―コクガン／群れ採食と学習効果／探し屋とものまね屋―イエスズメの採餌戦略／一羽あたりのリスクを軽減

第5章　弱い鳥でもみんなで防衛……59
海鳥たちの共同防衛／ノハラツグミの集団防衛／ノハラツグミとチゴハヤブサの〝共生〟／ペンギンの保育士さんは忙しい／湿原の「卵壊し屋」、セジロミソサザイ

第6章　目の数を増やすか、うすめるか……67
モリバトは目の数を増やす／ダチョウの首はなぜ長い／いかさま師は出現しないのか／〝みんなでいればこわくない〟―鳥たちの統計学／ヒナを混ぜるのもうすめの効果

第7章　一羽と群れとどっちがいい？……77
他人はジャマだが…群れ採食の矛盾／昼のメニュー、夜のメニュー―アカアシシギの採食戦略／一人と群れとどっちがいい？／群れで安心、ゆったり食事

第8章　群れは利己性の産物？……87
群れにはリーダーはいない／ボールになって逃げる―利己的集団理論／真ん中は安心―繁殖コロニーも利己的集団／雪嵐の日に移動するコウテイペンギンの抱卵集団／シギたちのコーラスライン／群れを数式化―ボイドモデル／太ったドバトはついていけない

第9章　警戒声は誰のため？……99
発生源は突き止めにくい？／トカゲも警戒声に反応？／警戒声は利他的？／悲鳴は何のため？／仮想敵は誰だ！

第10章　小鳥は昼間に仇討ち―モビングの行動学……109
キツネに対するカモの反応―「赤犬猟」／モビングについての仮説／本当にモビング？／安全な相手と危険な相手を見分ける／タカの若者はこわいもの知らず―攻撃か遊びか／モビングの行動学的側面

第11章　群れの中にも不平等……131
つつきの順位―かわいそうなシンデレラ／誰が優位？／優位な鳥は何が得？／上に立つのも楽じゃない／武士は食わねど高楊枝／夫の威を借る妻とモテない強いメス

／外交にもランクが大切／ねぐらの中にも順位制／順位制は誰に有利？

第12章　鳥たちの寄合所帯……149
カラたちの生活―植物園のカラたち／小笠原のメグロ―メジロ―ウグイス群／メジロ主体の西表島の混群／熱帯アジアは混群もにぎやか―スリランカ・ボルネオ／アマゾンのアリドリたち／黒と褐色の鳥の群れ―ニューギニアの混群

第13章　みんなで通ればこわくない……167
カラ類はうまく〝食い分け〟／一羽で無理でも群れなら捕れる―追い出し効果／他人の行動をまねる―社会的学習／みんなで通ればこわくない―「ギャング仮説」／混群はタカ対策―出会いの頻度を下げる／得意な分野で警戒しよう―種ごとに異なる警戒対象／種子食の鳥でも混群

第14章　寄らば混群のかげ……183
エサ場に降りるのは誰が先？／小鳥はノビタキのまわりに集まる／カッコウ類が混じるわけ／警戒は他人まかせ？―協同か寄生か／エナガは優秀なリーダー／ちゃっかり取られる共益費―先行種の利益

第15章　群れの中でもだましあい……195
女形もオスの方便／ルリビタキの若者は無駄な争いをしない／若いペンギンは変装上手／中身の伴わないツッパリは…／「オオカミが来た」—共通語で他人をだますカラ類／アマゾンの混群でもだましあい／あの手この手でだますクロオウチュウ／「オオカミが来た！」を繰返すと…

第16章　行動生態学から群れを考える……207

あとがき……215

引用文献……218

鳥名索引

折込み付録　全国群れマップ
野鳥調査に参加してみよう

1 いろいろな群れ

1章の扉絵　アホウドリのコロニー誘致の試み

鳥島や小笠原の聟島(むこじま)でアホウドリの新しい繁殖地をつくるプロジェクトが進められている．手前の２羽のアホウドリのデコイにひきつけられて，新しいつがいを定着させようとする試みである．アホウドリにとってデコイがどう見えているかはわからないが，近くに自分たちと似たものが座っているというのは，彼らに安心感を生み出すのかもしれない．

「烏合(うごう)の衆」という言葉があるくらい、私たちの生活のなかで、鳥の群れは身近な存在です。私たちのまわりには群れをつくって生活するいろんな鳥がいます。街中の街路樹に群れるスズメの群れ、夕暮れにねぐらへ急ぐムクドリの群れ、田んぼに降りているシラサギの群れ。いろんな群れがあります。いつ、どこで、どんな鳥が、そして何のために群れをつくっているのでしょうか、まずはさまざまな鳥の群れをみてみましょう。

渡りの群れ

鳥の生活を繁殖期、非繁殖期、そしてその間の渡りの時期と三つに分けると、渡り>非繁殖期>繁殖期の順に鳥たちはよく群れをつくっているようです。南北に長い日本は、渡り鳥に恵まれた国です。夏には台湾やフィリピン、東南アジアから夏鳥たちがやってきます。春、空から「ピピィーッ、ピピィーッ」という声や、「ヒリリン、ヒリリン」という声が落ちてきます。ヒヨドリやサンショウクイが渡っているのです。かれらは昼間に数十羽の群れで渡り、多くの人の目に触れますが、同じ夏鳥でもオオルリやサンコウチョウたちは夜に渡っているようです。同じくらいの大きさの鳥でありながら、なぜサンショウクイは昼間に渡り、オオルリは夜に渡るのでしょう。

夏の終わりから秋にかけて、北の地方で繁殖した鳥たちが次々に渡りをはじめます。繁殖を終えたオオルリやコルリやキビタキが、春の渡りと同様、夜、静かに日本列島を南下していきます。かれらの姿を目にすることは多くありませんが、街中の公園の樹木の茂みを丹念に探して歩くと、と

図1・1　ショウドウツバメの群れ（愛知県鍋田干拓地にて）

きおり羽を休めているかれらに出会えるかもしれません。

ムシクイ類も静かに渡っていきます。私は一度だけ、秋のムシクイ類の渡りの群れに出会ったことがあります。それはいつもフィールドにしていた大阪の里山でのできごとでした。中学校の授業が終わって、自転車で竹やぶの横の道を走っていたとき、突然三〇羽ほどの小鳥の群れが、声もなく、私をかすめて飛び去っていったのです。一瞬のことだったので、オリーブ色のメジロくらいの小さな小鳥たちということしかわかりませんでしたが、おそらく日本で繁殖するムシクイ類のどれか一つだったのでしょう。

ツバメの仲間も、夏の終わり頃には渡りを開始します。ツバメの群れは密集した群れではありません。昔、夏の大阪湾の干潟でシギ・チドりを見ていたとき、干潟の上空をツバメたちが三々五々と南へ向かっていく光景に出会ったことがあります。ショウドウツバメの群れも広々とした干潟に出現することがあります（図1・1）。コシアカツバメの渡りは少し遅く、一〇月頃、朝早く起きて、家の近くで鳥を見ていると、住宅地の電線に数十羽の群れでとまっていることがよくありました。

秋も深まる頃、シベリアから冬鳥たちがやってきます。秋の夜長、「シィーッ」というツグミ類の声が空を横切り、ときには満月を横切って飛ぶ影も見られます。アオジの「チッ、チッ」と言う声や、カシラダカの「チョッ」という声が落ちてくることもあります。キアシシギの「ピューイ」という声や、アオアシシギの「チューチョーチョー」という声が聞こえることもあります。秋の夜空をいろんな鳥が渡っていくのです。

捕食者であるはずの猛禽類も例外ではありません。秋、愛知県の伊良湖岬から九州の佐多岬へ、そして沖縄、台湾へとサシバやハチクマなどのタカ類が大群をなして渡ります。この季節、タカ好きのバードウォッチャーは、各地の山の上に陣どって、渡るタカの数を数えています。

春、サシバたちは逆コースをたどって日本列島にやってきます。しかしハチクマは樋口広芳さんらが衛星発信器をつけて追跡した結果から、春の渡りは大陸を経ていったん北へ向かい、それから朝鮮半島を南下して日本にやってくることがわかりました。私は五月の連休の頃、兵庫県の氷ノ山で二〇〇羽を超えるハチクマが数珠つなぎになって、北へ向かうのを見たことがあります。

アカハラダカはかつて日本ではまれな迷鳥だと考えられていました。それが九州、沖縄地方で鳥を観察する人の目が増えたことにより、秋に朝鮮半島から何万羽ものアカハラダカが対馬を経て、さらに九州を縦断して、琉球列島に沿って南下することがわかったのは、ごく最近のことです。

冬の群れ

同じ頃、ハクチョウやツルやガンたちも編隊を組んでやってきます（図1・2）。身近な公園の池にも北からやってきたカモの群れが浮かんでいます。鳥たちは冬によく群れます。繁殖期にはそれぞれのつがいがなわばりを守り、排他的に生活している鳥たちも、冬になったら仲良く群れ生活をしていることが多いのです。

ヒワ類やホオジロ類やスズメ類など、種子食の小鳥たちは冬の間、群れで過ごすことが多いようです。とくにマヒワやアトリやハギマシコは、冬中、その群れを解きません（図1・3）。マヒワやハギマシコはふつう数十から数百、アトリはときに数万羽もの群れになって、冬を過ごします。ホオジロ科のホオアカやカシラダカ、そしてミヤマホオジロも冬には小さな群れになりますが、一方、同じホオジロ類でもアオジやクロジは冬に群れをつくらず、茂みの中でひっそり生活しています。何が違うのでしょうか。

冬の北海道。知床や根室では氷の上にオオワシやオジロワシが点々と羽を休め、夜は集団で眠ります。天敵のいないこんな大きなワシがなぜ群れや集団ねぐらをつくるのでしょうか。

じつは群れには、防衛的な側面だけではなく、食物探しに他個体のもっている情報を利用すると

図1・2　マガンの群れ

いう積極的な側面があるといわれています（情報センター仮説）ので、ワシたちもいいエサ場の情報を群れることによって得ているのかもしれません。

冬の間中、家族で過ごす大きな鳥たちがいます。ツル類やハクチョウ類、ガン類など大型の水鳥たちがそうです。日本各地には九州の荒崎（出水地方）に渡ってくるナベヅルやマナヅル、瓢湖（ひょうこ）（新潟）や宍道湖（しんじこ）のハクチョ

図1・3　マヒワの群れ

ウ類、伊豆沼や大聖寺のガン類など、大型の冬鳥たちの有名な渡来地があります。

北海道のタンチョウにしても、九州に越冬に来るナベヅル、マナヅルにしても、よく見ていると大きな群れとして行動しているその中に、より小さいグループがあることがわかります。それはたいてい二羽の成鳥と一羽か二羽の幼鳥からなっています（図1・4）。

図1・4　オオハクチョウの一家

ハクチョウ類やガン類も、群れの中に家族の単位が認められています。これら大型の鳥たちの家族関係は翌年の春まで続きます。

集団で繁殖する鳥たち

群れは繁殖期にもつくられます。集団で繁殖する鳥といえば、海鳥のコロニーが頭に浮かびます。日本は南北に長く、たくさんの島から構成された島国なので、北緯二四度の亜熱帯のカツオドリから、北緯四五度の亜寒帯のウミガラス（図1・5）まで数多くの海鳥が繁殖しています。調べてみると日本では三七種もの海鳥が繁殖していることがわかりました。

これら海鳥たちはそのほとんどが大きなコロニー（集団繁殖地）を形成して繁殖します。ウミネ

図1・5　ウミガラスのコロニー．以前は北海道の天売島に大きなコロニーがあったが，今はウミガラスの数は激減してこんな光景は見られない

図1・6　ウミネコのコロニー(a)．ウトウは1m以上の深い穴を掘って巣穴にする(b)．海鳥の聖地・天売島の南側にそそり立つ赤岩(c)．4〜7月のウトウの繁殖シーズンには大勢のバードウォッチャーで賑わう

コや、一〇万羽ものウトウが繁殖する北海道天売島（図1・6）、舞鶴湾に浮かぶオオミズナギドリの繁殖する冠島など、天然記念物に指定されている有名な繁殖コロニーもあります。

日本で最大の海鳥コロニーはどこでしょう。北海道大黒島のコシジロウミツバメの繁殖コロニーでは推定約一〇〇万羽の鳥が繁殖していて、これが日本最大の海鳥の繁殖コロニーです。じつは一〇〇万羽もの鳥が繁殖している大きなコロニーが日本にはもう一つありました。それは伊豆諸島の御蔵島のオオミズナギドリの繁殖コロニーでしたが、現在ではノネコの被害を受けて、往時の一〇分の一、約一〇万羽にまで減少してしまいました。

それにしてもかれらはなぜこんなに莫大な数で繁殖するのでしょう。エサの魚は不足しないのでしょうか。

海鳥ばかりではなく、内陸の水辺にすむ鳥たちも集団で繁殖します。上野の不忍池や琵琶湖の竹生島ではカワウのコロニーが見られます（図1・7）。シラサギ類はねぐらもそうですが、集団繁殖の様子がよく人目にとまります。昔は埼玉県野田のサギ山や堺市の大仙古墳など、有名なシラサギの集団繁殖地がありましたが、こうした大きなコロニーはなぜか消滅してしまいました。今では比較的規模の小さなコロニーが海岸の林や河川敷の

図1・7　カワウのコロニー

ヤナギ林、里山の竹やぶなどにつくられています。しかしコサギ、チュウサギ、（チュウ）ダイサギ、アマサギなど、いわゆるシラサギ類は全国的に減少しており、最近ではアオサギが増えています。

小鳥類で集団繁殖する種類は少ないようですが、ツバメ類やアマツバメ類がコロニーをつくります。ショウドウツバメは北海道や東北などで砂質の崖に、イワツバメは全国各地で建造物にコロニーをつくります。リュウキュウツバメも橋の下などに集団で営巣します。アマツバメやヒメアマツバメも集団繁殖種です。アマツバメは孤島や高山の断崖絶壁に巣をかけるため、そのコロニーが私たちの目にとまることはあまりありませんが、ヒメアマツバメは関東圏で、ビルなどの人工物のひさしを利用してコロニーをつくることが知られています。

協同繁殖する鳥たち

「ゲーイ、ゲーイ」と鳴いて梢(こずえ)を移動していくオナガの群れ、「ジュリ、ジュリ」と鳴いて林から林へ飛び移っていくエナガの群れ。かれらは家族なのでしょうか、それとも行きずりの他人同士なのでしょうか。

じつはエナガもオナガも、協同繁殖をする鳥なのです。協同繁殖とは一つの巣に親以外の個体が加わって子育てを手伝う繁殖システムのことです。オーストラリアなどでは多くの鳥が協同繁殖のシステムをもつことがわかっていますが、日本では恒常的にヘルパーがつくことがわかっている種

図1・8 オナガの家族．オナガは年中，家族群で生活する

類は、今のところオナガとエナガ、それと水辺の鳥のバンだけです（カケスやルリカケスにもヘルパーはいるという観察がありますが、よくわかっていません）。

エナガはペアで繁殖します。そして季節がすすむにつれ、巣にヘルパーがやってきます。これらのヘルパーは近隣で繁殖に失敗した個体です。そして非繁殖期には近隣のペアたちが巣立った若鳥を連れて、ときには八〇羽にもなる群れを形成し、また次の春にはペアに別れて繁殖に入るというシステムです（シジュウカラもこのシステムとよく似た生活をしますが、ヘルパーはつきません）。

オナガは一年中、一〇～二〇羽のまとまった群れをつくって生活し、繁殖期には群れのなわばりのなかに、いくつかの巣がつくられます。そして、そのうちのかなりの巣にヘルパーがつきます。この場合のヘルパーは前年生まれの若鳥であることが多いようです。非繁殖期になるとエナガと同じように地域の家族群が集まって（図1・8）、大きな群れをつくることもあります。私は都内の小石川植物園で四〇羽を超えるオナガの群れを見たことがあります。

バンにもヘルパーがつきます。バンのヘルパーも若鳥です。かれらは一シーズンに何回も繁殖するため、ペアのなわばりの中に、先に生まれた兄鳥や姉鳥が残っています。そしてかれらが後から孵化（ふか）した（第二回繁殖以降の）ヒナの世話を手伝うのです。

オーストラリアでは、マルハシ類やオーストラリアムシクイ類など、固有のスズメ目の鳥が協同繁殖のシステムをもつことがわかっています。温帯域ではこうした協同繁殖はあまりなじみのないシステムですが、北米のカケス類など、カラス科の鳥でわりと多く見られることがわかっています。カラス科はオーストラリア起源の古いスズメ目なので、協同繁殖には系統的な起源があるのかもしれません。日本のカケスやルリカケスもヘルパーのいる緊密な家族生活を送っているようなのですが、まだよく調べられていません。

混群をつくる鳥

群れは同じ種類だけから構成されているわけではありません。秋から冬にかけての雑木林。静かに耳をすましていると小鳥の声が近づいてきます。やがて「ジュリジュリ」とエナガの群れが樹冠を渡っていき、「ツーツー」とシジュウカラが低い枝にやってきます。ときにはコゲラがコツコツと木の幹を叩きながら、群れの後を追っていきます。カラ類の混群です。カラ類とはシジュウカラ科の鳥類の総称です。日本ではシジュウカラ、コガラ、ヒガラ、ハシブトガラ、ヤマガラ、そしてエナガ科のエナガです。ほかにカラの名がつく鳥はツリスガラ、ヒゲガラ、ゴジュウカラがいますが、ふつう、これらの鳥をカラ類とはよびません。

本州ではカラ類のこうした群れはシジュウカラとエナガを中心に、亜高山帯や寒い地方ではヒガラやコガラ、キクイタダキ、そしてゴジュウカラやキバシリ、低い山ではヤマガラやコゲラ、そしてときには秋の渡りのムシクイ類やヒタキ類などが加わります。北海道ではハシブトガラにコゲラ、アカゲラ、オオアカゲラ、ヤマゲラのキツツキ類やゴジュウカラが加わって構成されていますす。異種同士が群れをつくって生活しているかれらの間に矛盾や争いはないのでしょうか。

集団ねぐら

どんな大都会に住んでいても、一日のうちで一度も鳥に出会わないという人はないでしょう。スズメ、カラス、ツバメと数え上げてみると、都会にもたくさんの鳥がすんでいます。かれらは夜をどこで過ごしているのでしょう。鳥は知っていても、いざその鳥が、夜、どこで寝ているのかといわれると「ウーン」と考え込んでしまいませんか。

秋から冬になると、多くの鳥たちが竹やぶや街路樹や橋の下（！）で、集団でねぐらをとっているのが見られます。たとえばカラス。「秋ハゆふくれ、夕日のさして、山の端いとちかう成たるに、からすのねところへゆくとて、みつよつふたつなと飛いそくさへ哀也」。清少納言の「枕草子」に、秋の夕暮れどき、三々五々とねぐらへ向かうカラスの群れを愛でた一文があります。カラスが夜になるとねぐらへ向かうのは、昔の田舎の子ならみな知っていたはずです。「カラスが鳴くから、かーえろ」。大阪や東京などの大都会に住む大人たちも、子どもの頃そんな光景を目撃していたに違いありません。

「雀、雀、御宿はどこだ、チッチッチ、チッチッチ、こちらでござる」と童謡に歌われてきたように、スズメのねぐらも古くから人の目にとまってきました。夏から秋にかけて河川敷のヨシ原、竹やぶ、街路樹のイチョウ、ケヤキ、スズカケなどにスズメがたくさん集まってねぐらをとるようになります。私が大阪に住んでいた頃、スズメたちはなぜか地下鉄の出入り口の近くにある街路樹をねぐらにしていました。地下鉄の出入り口は夜遅くまで多くの人が行き交います。スズメにとっては一番安全なねぐらだったのでしょう。

ムクドリは竹やぶや駅前の大きなケヤキなどに集団でねぐらをつくって眠ります。ねぐらは繁殖期が終わった八月頃からつくられますが、とくに冬のねぐらは集まる個体数も多く、その数は数千羽、ときには最大五万羽にも達するねぐらがあります。ムクドリもスズメと同じく、人の集まる場所が好きなようで、多くの電車の駅で、駅前のケヤキなどに集まっています。

私たちに身近なツバメはどうでしょう。巣立ったヒナたちがどこへいくのかは意外と知られていません。南に向かって旅立つには季節が早いし、それに一度も渡った経験のない若鳥たちです。

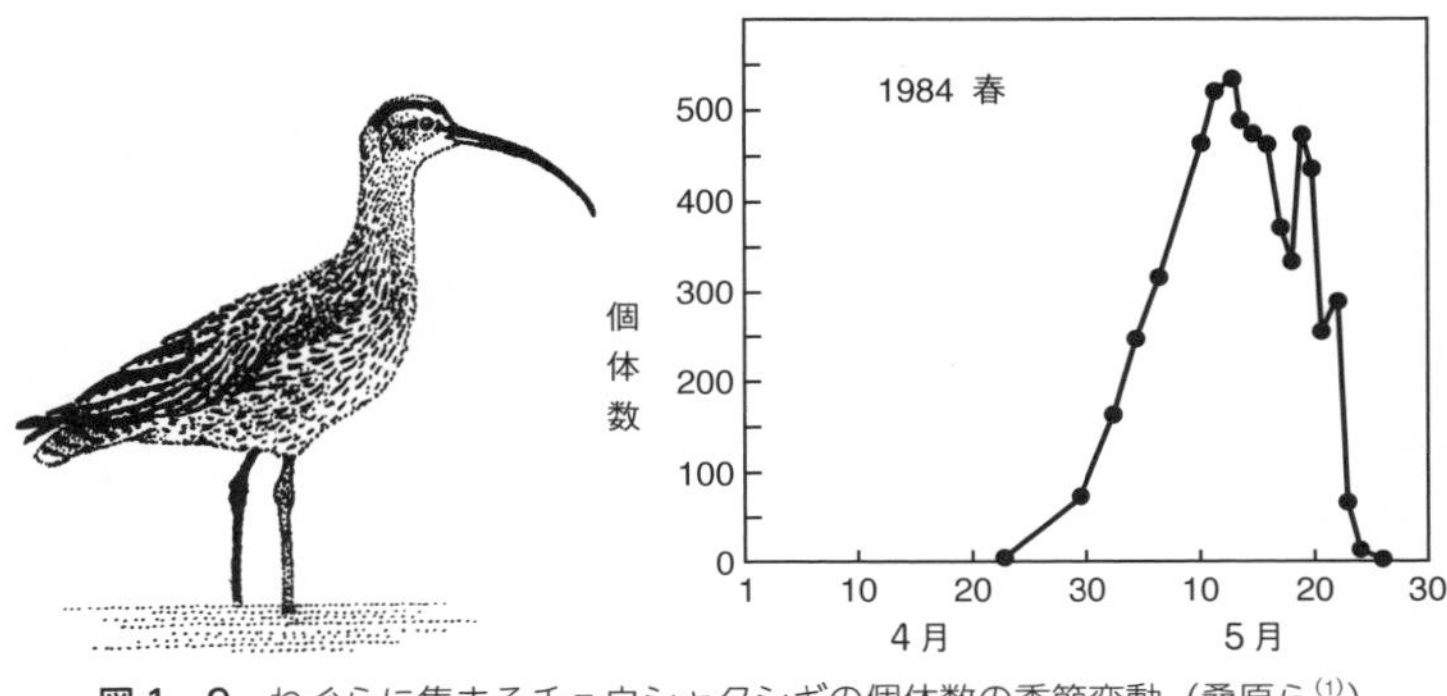

図1・9 ねぐらに集まるチュウシャクシギの個体数の季節変動（桑原ら[1]）

「若者ばかりで旅立つには心細い」と思うのかどうか知りませんが、かれらは渡りの季節になるまで、川原のヨシ原などにねぐらをつくって生活しています。こうしたねぐらには最盛時には数万羽のツバメたちが群れ集い、それは壮観な眺めです。

木にとまらない鳥はどうでしょう。たとえば日本を春と秋に通過していくシギたち。かれらはときにはかなり大きな群れをつくりますが、夜は干潟で群れをつくって寝ています（図1・9）。岸から離れた泥の上ならキツネやイタチなども近づけません。シギたちにとって、干潟は安全なねぐらです。

もっと安全なのが海の上。ユリカモメをはじめとしたカモメ類が、冬期、大阪湾の沖合いで集団で浮かんで寝ているのが確認されています。京都の賀茂川にやってくるユリカモメたちは、夕方、比叡山を越えて、琵琶湖に寝に戻ります。多摩川や荒川のユリカモメたちも、夜には東京湾に戻ります。

こうして見るとじつに多くの鳥が、さまざまな場所で集団ねぐらをとることがおわかりいただけたでしょう。けれど、まだどこでどんなふうに寝ているのかよくわかっていない鳥もたくさんいます。また季節によって単独で寝たり、集団で寝たりする鳥もあります。

いつ、どんな鳥のねぐらが、どこにつくられるか、ねぐら調べはふつうのバードウォッチングと比べて根気のいる仕事ですが、鳥たちの生活をより深く理解することにつながり、ときには思いがけない発見があるものです。読者の皆さんもいろんな鳥のねぐらを探して下さい。案外身近なところに、意外な鳥のねぐらが見つかるかもしれません。

2

ねぐらはエサの情報センター?

2章の扉絵 **エナガ団子**

エナガは秋から冬にかけて，木の枝に巣立った若鳥たちが家族で集まって“エナガ団子”をつくる．

私たちに身近な鳥の多くが集団ねぐらをつくります。なぜかれらは集団でねぐらをつくるのでしょうか。ねぐらの意味については、いろんな仮説が出されてきました。まず誰でも考えるのは、鳥たちのねぐらが冬につくられることが多いことから、多数の鳥が集まることによって、寒さで失われる熱エネルギーを節約しているのではないかという説です。しかし、ねぐらで寝ているスズメやムクドリを見ていても、くっつきあって眠っているわけではありません。

南極の冬を集団で過ごすコウテイペンギンでさえ、マイナス一〇度くらいまでは、間隔を置いて立っていて、それよりさらに気温が下がると、くっつきあって眠るようになります。個体同士はあまりくっつきあわずに、ソーシャルディスタンスをとっているのがふつうです。これには個体同士の社会的な敵対関係と、もう一つ寄生虫や感染症に対する対策だと考えられています。

また、いちいちねぐらへ集まり、散っていくことにも相当のエネルギーが必要です。少なくともコクマルガラスやホシムクドリにとっては、ねぐらで節約できるエネルギーよりも移動に使うエネルギーの方が大きいという結果が得られていますので[1]、エネルギーの節約という観点ではねぐらの意味は説明できません。

二番目の説として、ねぐらは捕食者に対する適応として形成されるのだという仮説があります[2]。かれらを狙うフクロウ類や哺乳類は夜行性です。少しは見える（どんな鳥も鳥目ではない）といっても、真っ暗闇では行動の自由は昼間ほどききませんし、捕食者の接近も捕食者がかなり近づかなくては察知できません。鳥たちにとっては昼間よりも夜間の方が捕食される確率は高いと思われます。

そんなとき、一羽ずつバラバラでいると、捕食者に次々とやられてしまいます。群れでいると、最初の一羽がやられても、残りの全員が逃げることができます。また大勢でいることで、目の数、耳の数が増え、捕食者の接近も早く察知できます。鳥たちはみんなで集まって寝た方が危険は少ないのです。

そう考えると、ねぐらはなるべく大きい方が安全です。小さいねぐらは大きなねぐらより捕食者から発見されにくいのですが、発見された場合、群れの中の一羽がやられる確率は非常に高くなります。ねぐらが大きくなれば、明らかに危険は小さくなり、〝安心感〟も大きくなるのです。ねぐらが採食などの群れと比較して、ケタ違いに大きな個体数から構成されているのは、ねぐらでは採食における同種個体間の矛盾（第6章参照）などがなく、純粋に群れを対捕食者という目的で形成すればよいからだと思われます。

みんなでいるとなんとなく安心できるのは人も鳥も同じです。〝なんとなく〟などというと科学的でないような気がしますが、そうした「気分」をもつことが、捕食者から身を守るうえで有効（適応的）だったからこそ、集団ねぐらが進化してきたわけですし、反対に一人でいると不安な気分になることの行動学的説明です。それはおそらく、ヒトも含め、複雑な神経系をもった動物が進化の過程で獲得してきた共通の生得的・本能的な（遺伝的基盤をもつ）性向なのでしょう。

ねぐらでエサの情報交換

ねぐらには捕食者に対する警戒性を高める意味のほかに、もう一つ大切な機能があります。それはねぐらを利用する個体間の情報交換の機能です。野外においてはエサの分布は時間的・空間的に不連続です。たとえば果実の成熟や昆虫の発生、魚群の回遊などは、年により、季節により変動し、どこにでもまんべんなく存在するというわけでもありません。

野外で生活する鳥たちは、いつ、どこへ行けばエサが得られるかという問題に常に直面しています。十分なエサにありついて満足している鳥がいる一方で、お腹を空かせてねぐらへ戻ってくる鳥もいるに違いありません。どの鳥も公平にエサを十分に見つけることができて満腹しているとは限らないのです。

「おい、今日の稼ぎどないやった?」「あかんかったわ」というような会話が鳥たちの間で交わされるわけではありませんが、鳥たちは互いの生理状態はかなり敏感にわかるようです。その結果、「あいつ、ええエサ場みつけよったみたいやで」「そうけ、ほなら明日、あいつについていってみよけ」(大阪弁のなかでもとくに品がないといわれている河内(かわち)弁ですみません)ということになり、エサを見つけられなかった鳥がエサ探しに成功した鳥の後についてエサ場にいくのではないだろうか、というのが、ワードとザハビの「情報センター仮説」です[3]。

ワードはナイジェリアでコウヨウチョウのねぐらを見て、この考えに思い至りました。ハタオリドリ科に属するコウヨウチョウは、アフリカでは農作物に大きな害を与える害鳥です。その共同ね

ぐらには、なんと一〇〇万羽（！）もの鳥が集まり、この群れに襲われるとわずか数時間で穀物畑がめちゃくちゃになってしまうといいます。

ザハビはイスラエルのハクセキレイ（図2・1）の就塒前集合の意味について考え、そこからこの仮説にたどりつき、ワードと協同で「情報センター」と名づけて発表しました。同じ時期にアメリカのテリムクドリモドキを研究していたホーンも、繁殖コロニーの機能としてこの考えに到達していました。[4]

図2・1　冬のハクセキレイは昼間は単独でエサをとっているが，夕方になるとねぐらに集まる

カナダのオオアオサギ

ワードとザハビの論文が出されるなり、これにすばやく反応して研究を行ったのが、オックスフォード大学のJ・R・クレブスでした。彼は留学していたカナダのオオアオサギのコロニーでこの仮説が正しいかどうかを調べたのです。[5]

彼はこう考えました。もしサギたちがコロニーを情報の交換場所に使っているならコロニーを飛び立つときに、サギたちはバラバラに飛び立っていくのではなく、前日に十分エサをとった鳥の後を、エサをとれなかった鳥がついて行くように飛び立つだろうと予測しました。彼は朝、飛び立つ

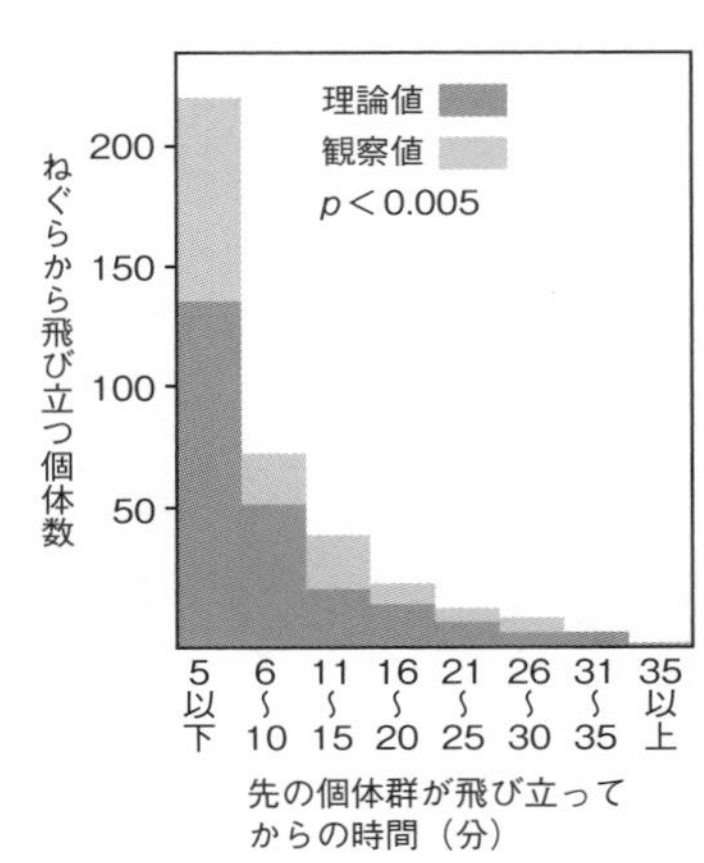

図2・2 オオアオサギのねぐらからの飛び立ち．ランダムに飛び立つと仮定した理論値より，まとまって飛び立つ場合が多い（Krebs[5]）

サギたちの飛び立ち間隔を調べ、それをサギたちがもしランダムに飛び立ったらどうかという理論値と比較してみました。するとオオアオサギたちは、バラバラに飛び立っているのではなく、ある個体が飛び立つとその後を何羽かの個体がついていくように飛び立つ傾向にあることがわかったのです（図2・2）。

よく引用されるクレブスの仕事です。しかし、先に飛び立った鳥が前日に十分にエサを食べた鳥かどうかはわかっていませんし、グループで採食に行くというそのこと自体、情報センターを仮定しなくてもサギたちにとって十分有利なので、彼のこのデータはあくまでも状況証拠にしかすぎません。直接的には個体識別した鳥をねぐらとエサ場で観察すればよいのですが、鳥に簡単に装着できる発信器などが開発されていなかったこの時代、それがなかなか難しかったのです。

そこで多くの研究者は一日目にエサ場にきた鳥と、二日目にエサ場にきた鳥の数を数えてみて、ねぐらで情報の伝達が行われているかを調べてみました。ここで一日目にそのエサ場へきた鳥の数をN_1、二日目にきた数をN_2としますと、$N_1 \wedge N_2$なら一日目の鳥たちが仲間を連れてきたと考えられます。[6] もちろん一羽でそのエサ場を見つけた鳥もあるでしょうし、翌日にはこない鳥もあるでしょう。モデルを単純にするために、これらの鳥たちの効果はプラスマイナスゼロと考えます。これまで行われたいくつかの研究で、N_1とN_2の値がどうなっているかをみてみましょう。

一九八〇年にロマンとタムが行ったズキンガラスとワタリガラスの二五回の観察では、$N_1 \vee N_2$（翌日の方が少ない）が一三回、$N_1 = N_2$が三回、$N_1 \wedge N_2$が九回と、少なくともいくつかの例では情報の伝達が行われたと考えることができます。[7] しかしアンダーソンらが行ったユリカモメの観察では、五〇回中四八回でユリカモメは翌日そのエサ場に戻ってきましたが、他の個体を連れてきたユリカモメはいませんでした。[8]

フレミングはハクセキレイで五回観察しましたが、これも他の個体を連れてきた例はありませんでした。[9] キースとメラーはズアオアトリを用いて一六回観察を行いましたが、[10] そのうち七回はエサ場にどちらか一日しか鳥がこなかったために失敗し、残り九回中八回までが$N_1 \vee N_2$で、結局、カラス類の一部を除いて、これら一連の観察では情報センター仮説の真偽は確かめられませんでした。

コウヨウチョウ——実験結果は仮説を支持

そんなときに有効なのが実験です。ピーター・ド＝グルートはワードが研究したコウヨウチョウ

図2・3 コウヨウチョウは互いにエサ場と水場を教え合っているらしい

を材料に、情報センター仮説を検証するための実験を行いました[11]。ド＝グルートはコウヨウチョウを二つのグループに分け、一グループには水のある部屋を、もう一グループにはエサのある部屋を学習させました。この二グループの鳥を大きなケージで共同で寝させ、翌日、観察を行ったところ、のどが渇いた鳥は他のグループについて水場へ行き、お腹の空いた鳥はエサ場を知っている鳥についてエサのある部屋へ行ったのです（図2・3）。野外での研究ではありませんが、少なくともコウヨウチョウは群れの中で、何らかの方法でエサ場や水場に関する情報を伝達し合う能力をもっていることが確かめられました。

コンドルたちも情報センター

コンドル類やハゲワシ類などのように腐肉食者にとって、エサの分布はとくに不安定です。動物の死体はどこにでも転がっているわけではありません。かれ

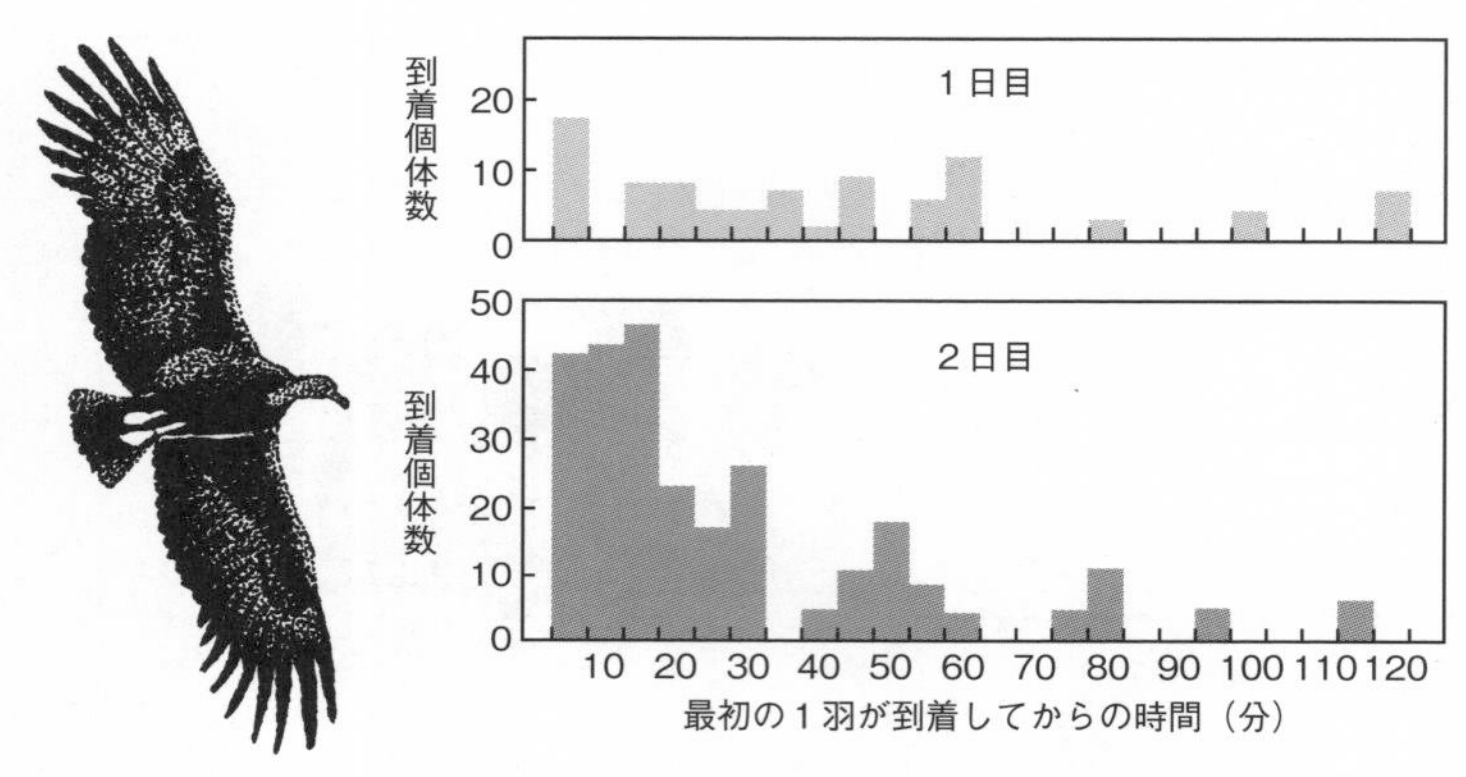

図2・4　クロコンドルたちはエサ場へ他個体を引き連れてやってくる（Rabenold[12]）

らにとって、いつ、どこへ行けばエサが見つかるかは、他の鳥たちにも増して重要な問題です。そして、大切なことはワードとザハビが指摘したように、かれらには捕食者がいないということです。彼らが群れをつくるとしたら、捕食者に対する防衛という機能を考える必要はありません。おそらく、コンドルやハゲワシの群れこそ情報交換のために形成されているのでしょう。

一九八七年の夏、私はアメリカのウィスコンシン大学で開かれた国際行動学会議に参加していました。この大会でクロコンドルの情報センターについての研究発表がありました。それは、ノースカロライナ大学のラベノルドさんによる発表でした。彼女は五年間にわたって約一二〇〇羽からなるクロコンドルの地域個体群を対象に、そのうち三四四羽を個体識別して研究しました[12]。彼女は野原にエサを置いて、その近くのブラインドに一日中潜み、どの個体がいつエサを食べにくるか、そして他の個体を〝連れてくる〟かどうかを調べたのです。

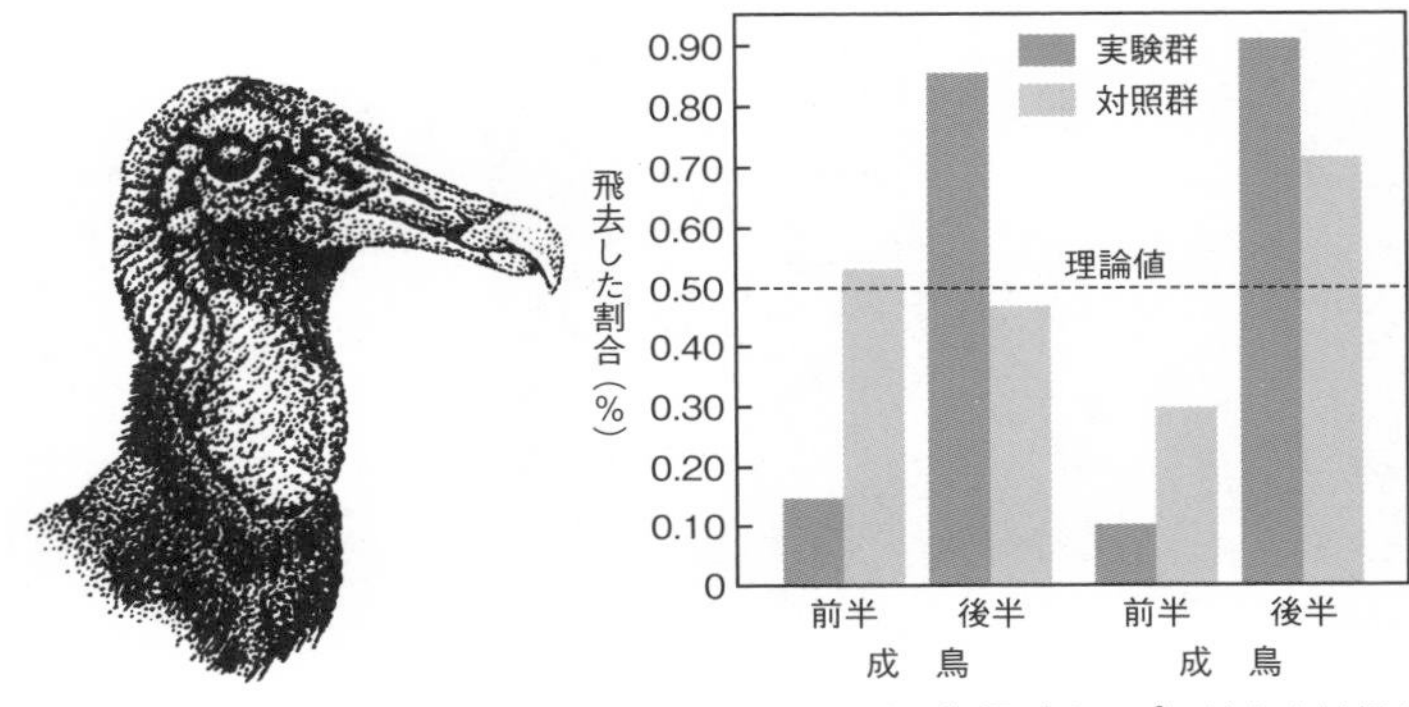

図2・5　前夜まで捕らわれの身であったコンドルは，先行グループにはあまり加わらずに，後続のグループに加わって飛び立って行った（Rabenold(12)）

エサ場を見つけたクロコンドルの七三％は、次の日、しかも早朝にまたそのエサ場へやってきました。そしてこのとき、エサ場へは前日よりも多くの個体がやってきたのです。これはエサ探しに成功した個体が、他の個体を引き連れてやってくる（または他の個体がついてくる）ということを示しています（図2・4）。

彼女はまた、捕まえたクロコンドルを二日間研究室に隔離して、夕方に（麻酔して）ねぐらに戻すという実験を試みました。つまり捕まっている間、エサ場に関する情報をシャットアウトされた、腹を減らしたコンドルたちが、次の朝、どんなふうに採餌に出かけるかをみようというわけです。彼女はねぐらから飛び立つ群れを、先行グループと後続グループに分けて比較してみました。すると、前夜まで捕らわれの身であったコンドルたちは、成鳥も幼鳥も先行グループにはあまり加わらずに後続のグループに加わって（つまり後からくっついて）飛び立って行ったのです（図2・5）。

情報はどんなふうに伝わるのか

この研究で、クロコンドルたちのねぐらはエサの情報センターとして機能しているらしいことがわかりました。かれらは互いにどんなふうに情報を伝え合っているのでしょう。ミツバチなら、蜜源の方向と距離を、八の字ダンスの角度と速さに換算してコロニーの仲間に伝えることができます。しかし、鳥たちはこうした抽象的な言語を発明してこなかったようです。さらにミツバチと違って、鳥たちにはその情報をどうしても仲間に伝えなくてはならない必要性もありません。情報の伝達はおそらくより消極的な方法で行われるのでしょう。つまり前日の成功者は、情報伝達など夢にも考えずに、翌日まっすぐにエサ場へ向い、前日エサにありつけずに「今日はどこへ行こうか」と態度を決めかねてい

図2・6　ねぐら入りしようとするクロコンドルの群れ(a)．樹上で休むヒメコンドル(b)．コスタリカにて

る優柔不断な鳥たちは、先に〝決然と〟飛び立った鳥たちの後をついて行く、ただそれだけのことなのです。ワードとザハビはこれを成功者のもつ「ムード」と表現しました。

ところで成功者にとってみれば、他個体についてこられることで自分が不利にならないことが大事な条件です。コンドルなどの場合、エサは一羽で独占するには大きすぎますし、仲間に隠れて何日もかけてチビチビ食べるわけにもいかない代物です（いくら腐肉食のコンドルといっても、死体が完全に腐ってしまえば食べられません）。群れで採食すれば警戒性を高めることもできるし、獲物の解体などもスムースにできます。それによって他個体に〝寄生される〟コストは相殺されるわけです。仲間が後からついてきても意に解さないのは、コンドルたちのこの生活様式によるのでしょう。

国際行動学会議でクロコンドルの発表を聞いた後、シラサギの研究をしていて、アメリカへ留学する研究室の後輩の藤岡君とエバーグレイズ湿地の水鳥を見に行きました。エバーグレイズで泊まったフラミンゴ・ロッジ周辺には、このクロコンドルがたくさんいました。ここのコンドルは、ヒメコンドルもそうですが、まったく人慣れしていて、売店前の「野生動物にたくさんを与えないで下さい。違反者は罰金千ドルです」の看板にとまって、悠然としていました。

エバーグレイズのシロボウシバト

「夏のエバーグレイズはよくないで」と学会で会った何人かの人に言われつつも、半信半疑だったのですが、行ってみてやっとそのわけがわかりました。蚊です。そのすごさは北海道の夏のヌカ

図2・7　エバーグレイズの湿地帯でトキ類のコロニーを観察する筆者ら

カの比ではありません。マングローブ林に群れるトキたち（図2・7）の写真を撮ろうと車から出て、わずか数秒、身体中に数百匹の蚊がたかります。あわてて車に逃げ込んで、しばらくは車内の蚊退治の繰返しです。友人の奥さんが言っていた「フロリダでは、車から出て家の玄関にたどり着くまでに蚊に刺されて、毎年、何人か死ぬそうよ」という話

図2・8　エバーグレイズでは広大なマングローブ湿地を藤岡君と2人，モーターボートでバードウォッチングしていました

も、まんざらウソでもなさそうです。そんなわけで私たちは海岸に出て、鳥を見ていました。海岸は海からの風が強く、吹き飛ばされてしまうので蚊もやってこないのです。

するると後ろの林から八羽のシロボウシバト（この付近にだけ生息するカラスバトの仲間）が現れて、まっすぐ沖へ向かって飛んで行くのです。私「何しに行くんかなあ」。藤岡君「留鳥やから渡りなんかせえへんやろな」。「どっかの島でイチジクでもなってんのを食いに行くんとちゃうか」。「何でわかるねんやろ」。「やっぱり情報センターやで…」という会話が二人の間で交わされました。

情報センターの機能を考えるとき、その鳥たちにとってエサの存在様式というものが決定的に重要です。もし一羽で簡単に独占でき、〝日持ちのする〟エサならば、前日にエサ探しに成功した個体は、翌日、ねぐらから飛び立つとき後をついてこられないようにする戦術を発達させたでしょう。

日本の伊豆諸島などに生息しているカラスバトでも、八丈島と八丈小島の間などで、島間の移動が頻繁に観察されています。種子食のハトたちにとっては、いつ、どこに、木の実がなっているかは、重大な関心事です。そして、木の実のなりかたは、場所的、時間的にかなり不規則です。こんなときこそ、情報センターは役に立っているのではないでしょうか。

私たちの見た八羽のシロボウシバトも、そのうちの一羽が、たまたま昨日、湾内の小島においしい実のなる木を見つけたのかもしれません。彼（彼女）が「行こうぜ」と積極的に仲間を誘うのか（協調的）、「ついてこられるのはいややなあ」と思いながら飛んでいるのか（利己的）は、社会生物学上おもしろい問題なのですが、何せフロリダの気候と自然はむつかしい思考をストップさせてしまうので、私たちもそれ以上考えずに、シロボウシバトの群れが水平線に消えていくのをぼんやりと見送っておりました。

DAC仮説——ねぐらとエサ場の関係は?

一方、鳥のねぐらが本当に情報センターとしての意味をもつのかどうかについては、反論もあります。情報センターというからには、その地域の鳥たちがそこへ集まって情報の伝達がなされねばなりません。けれど鳥たちのねぐらが、じつはそんなに安定したものでなかったらどうでしょう。実際に野外の鳥のねぐらで、ある個体がねぐらとエサ場所をどう行き来しているかについてはほとんどわかっていませんでした。

ある個体をずっと追跡できればいいのですが、色足輪をつけても、何千羽もの鳥が集まるねぐらで一羽の鳥を見つけ出すことはほとんど不可能です。

そんなときに有効なのが、鳥に記録装置をつけて、その活動も含めて鳥の移動状況を四六時中、追跡できる方法です。現在ではGPSロガーの技術が進歩して、機器の小型化も進み、鳥の渡りや移動経路の解明にはなくてはならない技術になっていますが、かつてはラジオテレメトリー法といって、鳥に電波発信器を背負わせて、それを研究者が野外で追いかけて、オンタイムで受信する方法が行われていました。

この方法を用いて、モリソンとカッカマイスは、米国ニュージャージー州のいくつかのホシムクドリのねぐらで、一五羽のホシムクドリに電波発信器をつけて放し、その挙動を調べたのです[13]。すると、ホシムクドリたちは電池の寿命の切れる三〜四カ月目まで、毎晩、忠実にねぐらへ戻るというより、むしろ日中はある限られた範囲をエサ場所として利用し、夜は日によっていくつかのねぐらを渡り歩いていることが判明しました。つまり、かれらは一定したねぐらではなく、〝一定した〟エサ場をもっていたのです。こうした日中の安定した活動地域（ＤＡＣ、daily activity center）があれば、ホシムクドリたちは何もねぐらで情報を交換しなくてもいいわけです。この点で、ホシムクドリはクロコンドルやシロボウシバトと違った生活様式をもっているといえます。それなら、ホシムクドリたちの集団ねぐらの意味は何なのでしょうか。

図２・９　DACに集まるムクドリの群れ

発信器をつけたホシムクドリたちを追跡してみると、かれらはＤＡＣとねぐらを往復しますが、その途中で、エサが一時的に豊富な場所（ＳＦＡ、supplemental feeding area）に立ち寄って採食していることがわかりました。ＳＦＡは季節によってどんどん変わります。ホシムクドリたちは、一応、安定的なエサ場（ＤＡＣ）を長期間確保し、季節によってＤＡＣとねぐらの

あいだに見つけたＳＦＡを効率よく利用していたのです。ねぐらの位置は、そのときどきのＳＦＡの位置によって変化します。つまり、ホシムクドリたちはエネルギーを節約して、最も効率よくエサを取るために、ＤＡＣのまわりにいくつかのＳＦＡを開発し、ねぐらの位置はそのとき利用するＳＦＡに応じて、変化させていたのです。モリソンとカッカマイスは、この仮説を「パッチ・シッティング」仮説と名づけています。

この研究結果は、日本でのムクドリたちの挙動にもよく当てはまります。私が大学院生の頃、大阪で調べていたムクドリたちもそのねぐらをときどき移していました。ムクドリたちの秋から冬の主食は木の実です。センダンがなっていたり、街路樹のナンキンハゼの実が食べごろになっていたり、ムクドリのエサの分布のパターンは季節、季節で刻々と変化していきます。そんなとき、ひとつのねぐらにこだわっていると、効率的なエサ場の利用はできないでしょう。

情報センター仮説は、鳥のねぐらの機能に新たな側面から光を当てたということで、現在、鳥の集合の意味を説明するのに広く使われています。しかし、ねぐらが情報センターとしての機能だけをもつのだと一面的にとらえないようにして下さい。クロコンドルとホシムクドリではねぐらの機能は異なるようです。また、ねぐらを構成する鳥たちのなかにはいろいろな矛盾もあります（第10章参照）。夕暮れにねぐらに戻る鳥たちを見たら、「かれらは今日一日、十分なエサにありついたろうか」と、鳥たちの生活に思いをはせつつ、ねぐらの意味を考えてみて下さい。

鳥は寝る前に集まる

3章の扉絵 **まるで『スイミー』なムクドリの群れ**

ムクドリやヨーロッパのホシムクドリたちは大きな集団ねぐらをつくることがある．かれらがねぐら入りする前，なかなかねぐらに入らずに集まった鳥たちが集団で壮大なマスゲームを繰り広げることがある．

ねぐらの前で見ていると、やってきた鳥たちはまっすぐねぐらに入るわけではありません。かれらはねぐら入りする前に、必ずといっていいほど集団をつくります。これを就塒（しゅうじ）前集合といい、ムクドリ、コサギ、カラス類、トビなど、集団ねぐらをつくる鳥のほとんどで知られています。かれらはなぜまっすぐにねぐらへ入らずに、仲間同士、集まってからねぐらへ入るのでしょうか。鳥の就塒前集合とは何か、まずいくつかの例をみてみましょう。

ムクドリたちのマスゲーム

ある冬、私は大阪でムクドリたちのねぐら入りを調べていました。ムクドリたちはねぐらから二キロほどのところにある変電所周辺の鉄塔を就塒前集合の場所にしており、夕方、続々と集まってきます。鉄塔にとまったかれらは、ときに舞い上がったりして、離合集散を繰返します。ここでは採餌行動は見られません。その代わりときどき、近くを流れる川で集団水浴びをします。一度に数百羽のムクドリが川の浅瀬に飛び込んでバシャバシャやるわけですから、一面に水しぶきがあがって、それはすごい眺めです。そうして集まり始めてから約一時間。ムクドリたちは数十～数百羽ずつ、鉄塔を離れてねぐらへ向かって行きました。

コサギのねぐら入り

サギ類の研究者であった大阪の伊藤信義さんは、コサギの就塒前集合について、滋賀、大阪、岡

図３・１　コサギの就塒前集合

山、奈良での長時間にわたる観察の結果を報告しています[1]。コサギでは就塒前集合ができるのは非繁殖期だけですが、三つのタイプの就塒前集合が観察されました。一つ目はねぐらからかなり離れたところに形成されるもの（A）、二つ目はねぐらの林の一部につくられるもの（B）、三つ目はねぐらの上空での群飛（C）です。BやCタイプは少なく、就塒前集合の七割はねぐらから離れたところにつくられるAタイプですので、これが基本的な就塒前集合のパターンだと思われます。コサギたちは就塒前に、ときにねぐらから五キロも離れたこの集合場所で休息したり、採食したり、水浴びしたりします（図３・１）。この時間にまだ採食している個体はその日の〝かせぎ〟が悪かった個体なのかもしれません。

トンビはゆっくりねぐら入り

長野県で小泉光弘さんらが観察した冬期のトビの

図3・2　トビのねぐら入り前の帆翔

就塒前集合は、ムクドリやコサギとはちょっと違います[2]。トビたちは朝、ねぐらを離れて採食に向かうのですが、このときも、前日、就塒前集合に使われた場所（小泉さんはこれを集合所とよんでいます）などにいったん集結してから、散っていきます。そして比較的早い時間からねぐらに戻る行動が開始されます。トビたちは一二時から一三時頃になると三々五々と河川敷や塵介処理場に集まってきます。ここでは休息と同時に採食も行われるので、この場所は採食集合所とよばれています。ついで一三時半から一五時頃になると、次々と飛び立って、今度は別の集合所へ集まってきます。この集合所はねぐらから約一キロほど離れた水田などが利用されています。一六時頃、照度が一五〇〇〜二〇〇〇ルクスぐらいになると、トビたちはねぐらへ向かって飛び立ち始め、ねぐらとなる山の上空に集まって帆翔（はんしょう）を行います（図3・2）。この群飛は、あたりの明

図3・3 日本では，ハクセキレイたちの多くは橋の下にねぐらをとる

るさが〇ルクスになっても続き、やがてトビたちは順次ねぐらへ入っていきます。

仲間を集める広告機能

イスラエルのザハビは、テル・アビブの近くでハクセキレイの就塒前集合を調べました[3]。ハクセキレイたちは、ねぐら入りの三〇～六〇分前にねぐらの近くへ集まります。集まる場所はたいてい開けた場所が選ばれ、ハクセキレイたちは二〇センチメートル～一メートルの間隔をとって静かに集合します（図3・3）。単独個体や小さな群れは、大きな群れに引きつけられて、集合はだんだん大きくなっていきます。ザハビは「静かな密な群れ」が集合の引き金になっているといっています。

彼は、就塒前集合をしているハクセキレイたちが、観察者によって妨害されない場合はすべての個体が一つのねぐらで寝るのに、妨害されたらいくつかのねぐらに分かれて眠ることから、就塒前集合が一つのねぐらへ鳥を集める機能、すなわち「広告」機能をもっていると考えました。

ザハビが調べたイスラエルのハクセキレイたちは、日本と違って密な植生にねぐらをとります。もし就塒前集合がなく、一羽一羽が勝手にねぐらへ飛び込んでいけば、密な群れはつくれないというのです。ザハビがリングをつけるために捕獲したところ、密なねぐらでは捕獲が難しく、まばらなねぐらでは捕獲しやすかったことから、ハクセキレイたちは密な群れをつくった方が捕食者に襲われにくいのだといっています。就塒前集合は、ねぐらを大きく密にして、捕食者に襲われにくくする機能をもっているというのです。

ザハビはさらに、ハクセキレイの就塒前集合が静かな群れであることについて、これはなるべく捕食者を引きつけることなく、仲間に対してだけ「広告」機能を発揮するように進化したものだと述べています。しかしそれだとムクドリやツバメのように騒々しい、目立つ就塒前集合の説明がつきません。ザハビは「ハンディキャップ理論」を唱えた有名な研究者ですが、ちょっとだけ思い込みの強いところがあるようです。

自分たちの数を数える

英国生態学会の大御所であったウィン=エドワーズは、これを集団顕示行動（epideictic display）であると考えました[4]。彼の主張は簡単にいえば、自然界に生息する動物はエサ資源を食い尽くしてしまわないよう自ら個体数を制御し、安定したレベルに調節する能力をもっているという説です。
そこで、集団ねぐらをつくる鳥では、その地域の同種の個体数を計るためにねぐら入り前の集合がつくられるというのです。ということは、ムクドリやツバメのように、ねぐら入り前に全群がいっせいに舞い上がって群飛する行動は、互いに個体数を計るためのディスプレイだというわけです。そしてもし個体数が多いとわかったら、翌年の繁殖率を下げたり、繁殖を遅らせたりして、個体群を自己調節するのだというのです。夜明けの鳥の大コーラスも、彼の説では鳥たちがその地域の密度を判定して個体数を自己調節するためのディスプレイです。

しかし、生物の進化において自然選択を受ける単位は個体であるという立場に立つ多くの研究者は、これをグループ選択（群淘汰）だとして、批判しました。群れや種のために（繁殖率を下げたりして）自分の適応度を犠牲にする行動は進化する余地がないという考え方です。

現在のところ、グループ選択が働くのはごく限られた場面でしかないというのが多くの研究者の意見です。[5] この時点でのウィン=エドワーズの主張とデータには説得力を欠いた部分がありました。しかし一九八六年に出した本、『グループ選択による進化』のなかでは、D・S・ウィルソンのモデル[6]などに依拠して、集団のための行動が個体の適応度を下げずとも実現すると、グループ選択について以前の自説を（若干ですが）修正して展開しています。[7]

私は基本的には個体選択の立場に立っていますが、（血縁のない）集団を単位としての選択が働く場面は、一般に考えられているよりもっと多いのではないかと考えています。

4 みんなで食べるとどうなるか

4章の扉絵 **アマサギは水牛にくっついて採食**

アマサギは草原が好きな鳥である．アフリカから日本まで，熱帯から温帯まで，群れで草村の虫を追い出して食べているが，水牛などの草食動物がいると，飛び出してくる虫を目当てにその周りに集まって採食する．

うちの娘が保育園に通っていた頃（もうずーっと前ですが）。彼女は家で一人で食べるときはのんびり屋さんで、ごはんもよく残していました。けれど、保育園ではおやつの時間や昼食の時間が決まっていて、みんなで一緒に短時間のうちに食べなければならない（集団採食）ので、保育士さんの話によると、こんなときは彼女もけっこうすばやく、残さずに食べていたようです。このように群れ採食は何らかの心理的、経済的効果をその集団のメンバーに及ぼさずにはおきません。

私たちのまわりを見ると、水辺に群れるシラサギ類、稲田に群れるスズメ、クスの実に集まるヒヨドリたちといろんな鳥が群れで採食しています。群れで採食することによって、鳥たちはどんな利益を得ているのでしょう。

サギが白いのは伊達じゃない

サギ類はたくさん集まって採食を行います。たとえば春から夏、シラサギの群れが水田に降りていますす。農家の人にとっては、まだイネが根づかないときには、若いイネを踏みつけられたりしてありがたくないお客ですが、季節が進んでイネが成長してくると、そんなに悪者ではなくなります。

サギの仲間には、アマサギやチュウサギといった、魚よりも昆虫が好きなサギ類もいます。アマサギの群れをよく見ていると、かれらが群れになることによって、じつにうまく採食していることに気がつきます。アマサギの主食はイナゴやバッタなどの昆虫類です。茂った草の間を一羽が進むと、まわりからピョンピョンとバッタが飛び出します。それをまわりの個体がすばやく捕まえて食べるのです。一羽でエサを探していたのでは逃がしてしまう場合でも、群れで採食すれば効率よく捕らえることができるのです。

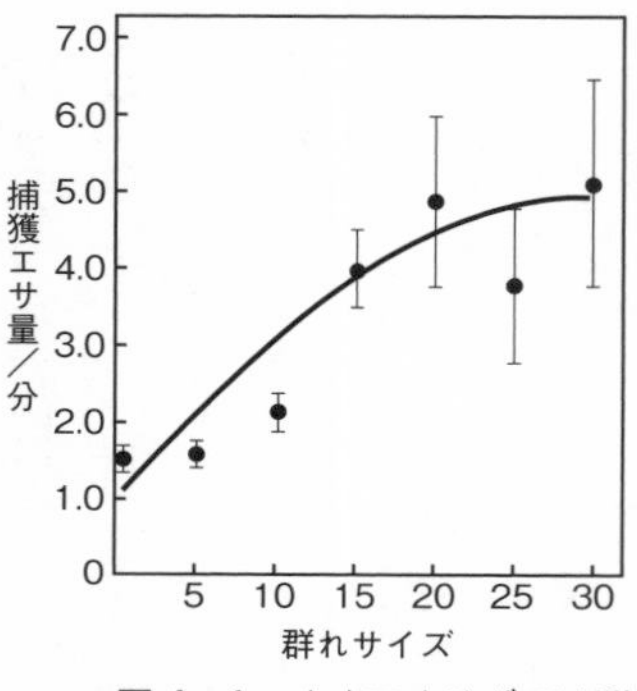

図4・1　オオアオサギでは群れが大きくなるにつれ，採餌の効率が高まる（Krebs[1]）

これは魚を捕らえるサギ類の場合でも同様です。北米にすむオオアオサギは日本のアオサギよりも大きなサギで、魚が主食です。クレブスは、カナダのブリティッシュコロンビアでこのオオアオサギの採食行動の研究を行いました。そして群れの大きさが増加するほど、時間あたりに捕れる魚の量が増えることを発見しました[1]（図4・1）。

シラサギ類が白いのは、あの白さが飛んでいる仲間を引きつけ、採食の群れを大きくするためではないかという説があります。事実、シラサギたちは水辺に置いた白いデコイ（模型）に引き寄せられるとの研究もあり、かれらの白さが群れ形成に関与しているのはかなり確からしく思われます。

じつは日本のシラサギ類でも、コサギやダイサギは、そんなに大きな群れではありませんが、数羽から十数羽の群れで採食していることがよくあります。かれらは水辺で小

図4・2 ウトウが魚を集めて団子にしてしまう様子

さな採食なわばりをつくっていて、他個体が近づくと追い払うのですが、よく見ていると互いの距離は確保しながら、他の個体が逃した魚が自分の方へ近づいてきたのをすばやく捕らえています。この行動には、一人でいたいけど、他人も利用したいという二面性を感じます。

海鳥たちの集団漁業

ペリカンたちが魚を捕まえるときに、大勢で魚群のまわりをグルッと取り囲んで、岸近くへ追い込んで採食するという話を、子どもの頃、本で読んだおぼえがあります。鳥もなかなか賢いんだなとそのときは思いましたが、今になって考えてみると、これはオオカミやライオンなどの集団で狩りをする食肉類同様、全体の状況を正確に把握する能力と、個体間の精致なコミュニケーションを要する、かなり高度な共同行動だと考えられます。

北の海にすむウトウが、水面下にいる魚群を固めて塊状にしてしまう採食行動もおもしろいものです。北海道大学水産学部で海鳥の研究をされていた小城春雄さんによると、ウトウたちは魚群を見つけると、次々と潜っていっては周辺部から魚を捕らえます。そして捕らえた後も、魚群に突っ込まずに、少し離れた海面へ浮上するのです（図4・2）。こうして魚群を常にまとまった状態にしておくことによって、満腹するまでゆっくり採食できるのです。しかし、この固まった魚群を見つけたウやカモメ類などがやってくるともうダメで、ウやカモメは魚群をめちゃくちゃにかき回して散らせてしまいます。[2]

越冬ツバメの共同ハエ取り

かって静岡県の浜名湖には、冬になるとたくさんのツバメが越冬に来ていました。かれらが捨てられたカキ殻に集まるヒメフンバエの一種を採食する様子が報告されています。[3] これが見事に洗練された協同行動なのです。このハエはイエバエのように飛び回らずに、もっぱらカキ殻の上をはい回っています。飛んでいるツバメはどのようにしてこのハエを捕るのでしょう。

それは、アマサギと同じ追い出し法（beating）です。ツバメたちはカキ殻の山スレスレに、腹を擦るぐらいの低空飛行を繰返します。するとハエが一瞬、飛び立ちます。けれどそのハエを飛び立たせたツバメは、もう通り過ぎていますから、自分でそのハエを捕らえることはできません。するとすぐ間髪を入れず、次のツバメがハエをさらっていくのです。このようにして数十羽のツバメたちが入り乱れて、カキの殻のまわりを輪を描くように飛び回っては、見事な採食行動を見せてくれるのです。

これは虫を逃がした個体にとっては一見、利他的な行動です。しかし、この行動はその個体にとってほとんどコストにはなりませんし、次には先の個体が飛び立たせた虫を自分が捕らえる機会もめぐってきます。ツバメが一羽で採食していたなら、ハエを捕まえることは永久にできません。この行動はかなり「先の見通し」をもった、互恵的な相互利他行動もしくは協調行動といえます。このように一羽でエサを探すときの採餌効率と、群れでエサを探すときの採餌効率をはかりにかけたとき、群れでいた方が多くのエサを得られるなら、個体は群れに参加しようとするでしょう。

同じところは二度探すな——モハベ砂漠のフィンチ類

アメリカの鳥類学者コディはカリフォルニアのモハベ砂漠で、冬期、小鳥類が混群をつくって採食することを発見しました。[4] この混群はアトリ科のチャバライカルとメキシコマシコ、ホオジロ科のミヤマシトド、ブリューワーヒメドリ、ノドグロヒメドリ、チャガシラヒメドリ、アゴグロヒメドリ、ユキヒメドリなど合計一二種の種子食の鳥を中心に構成され、ときにはサボテンミソサザイや渡りのアメリカムシクイ類が加わり、群れは五〇羽以上、多いときには二〇〇羽もの大所帯になることもありました。

かれらは、なぜ混群をつくるのでしょう。モハベ砂漠にはアメリカチョウゲンボウとイヌワシがときどき出現しますが、前者にとってはフィンチ類はエサにするには大きすぎ、後者にとっては小

図4・3　モハベ砂漠のフィンチ類の群れは同じところへ戻らないように前進していく（Cody[4]）

さすぎます。コディは少なくともこの混群は、捕食者に対する防衛手段として形成されるのではないと考えました。

昆虫食の鳥にとっては群れに参加することで、他の鳥たちが飛び立たせた昆虫を捕食することができます。しかし種子は逃げませんし、平面的な環境にかたまっており、他の鳥から教えてもらわねばならないような複雑な探索テクニックを必要としません。それよりエサの少ない砂漠でおもに種子を採食する小鳥たちにとって、いかに効率的に採食するかの方が問題です。

かれらが直面する問題の一つは、すでに誰かによって探し尽くされた場所を再度探してしまう危険があることです。もちろん、ときには一羽で「大穴」を当てて、大量のエサを独り占めできることもありますが、全体としてみた場合、時間とエネルギーの浪費ですし、エサがなかなか見つからないと捕食者に対する注意が散漫になり、捕食される危険が大きくなります。これを避けるには、その地域にすむ鳥たちが群れをつくって「計画的に」採食し、同じ場所へ戻らないようにすればよいわけです。

コディはこの混群を長期にわたって追跡し、そのルートを地図上におとしてみました。するとかれらはでたらめにルートをえらんでいるのではなく、一度通った道はなるべく通らないように、そして後戻りは行わず、もっぱら前進しながら採食していることがわかったのです（図4・3）。モハベ砂漠の小鳥たちは、めいめいが自分勝手にエサを探して時間とエネルギーを浪費したり、すでに誰かによって探し尽くされた場所を再度探してしまう危険を避けるために、集まって採食する「計画経済」の道を選んでいたのです。

再生可能資源をうまく利用——コクガン

今度は同じところへ何回も戻ってきてよい場合を考えましょう。それは、伸びつつある植物の一部分を食べるような鳥の場合です。ある場所のエサはそこで採食が行われてもなくなるわけではなく、そのあとまた成長し、もとの量に戻ります。そこで鳥はある一定の期間をおいて、その場所へ戻ることによって、何回でもエサにありつくことができます。

こうして回復するエサをとることができるのは、他個体による割り込みがない場合に限られます。A、Bの二羽の鳥がいて、A個体がそこへ一〇日目ごとに戻ってきても、B個体がそこへ九日目ごとに戻ってくれば、A個体はエサが得られないことになります。こうしたことが起こらないようにするには、そこを利用するすべての個体が〝約束を守らざるをえない〟ように、群れで行動すればいいわけです。

風車の国オランダには、干潟や海辺の湿地がたくさんあります。日本に冬やってくるコクガンは、東北地方の磯で、岩につく海苔などをエサにしていますが、ここで越冬するコクガンたちは湿地に生えるハマオオバコをエサにしています（図4・4）。一ヘクタールの調査地を四〇箇所選び、日の出から日没までの観察を二十四日間にわたって続けた研究によると、コクガンの群れは正確に四日に一度の割合で、同じ場所に戻ってきていることがわかりました[5]。

図4・4　コクガンの群れは正確に4日に一度の割合で，同じ場所に戻ってくる

コクガンたちは、なぜ四日に一度、戻ってくるのでしょう。じつはハマオオバコはコクガンについばまれても、また若い葉を出します。葉の刈り取り実験によると、四日間隔が葉の成長速度を最大にし、コクガンにとっての収量を最大にする間隔だったのです。間隔がこれ以上でもこれ以下でも、一日あたりの単位収量は低下します。コクガンたちは、バラバラで採食して資源とエネルギーを無駄にすることなく、整然と群れをつくって限り

ある資源を最適利用していたのです。

自然資源を有効に利用しようとするとき、乱獲の問題は常に起こってきます。かつてはクジラやマグロで、乱獲が資源そのものをダメにしかけたことがあります。秋田のハタハタや静岡のサクラエビでも同じ問題が起こりました。先に見つけた者が取れるだけ取るというやり方は、技術が進歩すれば、あっという間に資源の枯渇をひき起こします。それは一国だけの問題ではありません。世界中の広い海を自由に泳ぎ回っているクジラやマグロの資源保護は国内だけでは解決できません。関係する国々が集まって、知恵を絞って資源の保護を図らなければ、いつかは資源は枯渇してしまうのです。

群れ採食と学習の効果

鳥たちが群れで採食することによってエサ探しの効率を上げているとき、誰でも考えるのは、下手な個体が上手な個体のまねをして、効率を上げているのではないかということです。これを社会的学習（social learning）といいます。

社会的学習による採食効率の上昇には、二つの過程が含まれています。まず最初は、個体が群れに参加することで、どの場所に行けばエサが見つかるかを知るという、大きなスケールでの社会的学習です。これは、エサが大きなかたまりとして存在している場合に有効に機能します。たとえば種子食の鳥では、群れについていくことでエサがたくさんある場所に連れて行ってもらえるでしょう。種子食のコウヨウチョウやフィンチ類、そしてエサの分布が不均一なサギ類やコンドル類ではこの効果が大きいといわれています[6]。社会的学習のこの段階は、ねぐらのところでお話した「情報センター」仮説に対応します（第2章参照）。

第二の過程は、より細かな学習です。それは群れ内で採食中の個体が、群れ内の他の個体の採食方法をまねて、自分の採食法を効率化させるという過程です。この学習は、ある地域内にエサが小さなかたまりとしてパッチ状に存在し、その量が場所により大きな違いがあるような場合、つまり、すばやい反応が要求されるような場所に有効でしょう。

クレブスらはシジュウカラを用いて、実験的にこの過程の存在を証明しました。シジュウカラたちは大きなケージの中に人工的に作られた木の枝でエサ探しをさせられました。すると一羽でいるときよりも、ペアでいるとき、さらに四羽の群れでいるときの方が、エサを発見する効率がよかったのです[7]（図4・5）。

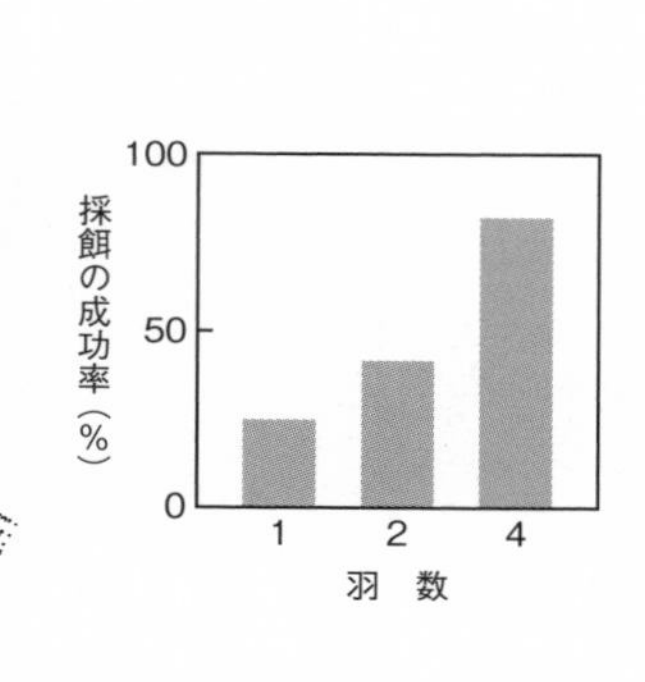

図4・5　シジュウカラでは社会的学習効果により，群れサイズが大きくなるほど採餌の効率は上がる（Krebs ら[7]）

探し屋とものまね屋──イエスズメの採餌戦略

学習に関して、イエスズメではおもしろい事実が知られています。それは、群れの中に他個体の行動をまねて、自分の採餌効率を〝利己的に〟高めようとしている個体がいることです。もちろんどの個体も、多かれ少なかれ他個体をエサ探しの指標として利用していますが、この「ものまね屋」は、もっぱらものまねに徹して、自分ではエサをほとんど探しません。自分でエサを探した方が得か、他個体の後をついて歩いて、その個体がエサを見つけた同じ場所を探したり、ときにはエサを横取りした方が得かは、群れ内のものまね屋の頻度に依存しています。あまりものまね屋ばかりが多くなると、肝心の「働き者」が少なくなるので、採餌効率は低下します。そのとき、ものまね屋は〝真面目に働く〟か、または群れを離れるかの選択を迫られるのです。

一羽あたりのリスクを軽減

ところで、はじめに述べたクレブスのオオアオサギの研究では、もう一つ重要な発見がありました。それはオオアオサギの群れが大きくなるにつれて、一羽あたりの採食量のバラツキが小さくなっていったことです。群れの中には、魚を捕まえるのに経験豊富な、熟練の鳥もいるでしょう。しかし、まだ若くて捕まえ方の下手な鳥もいるでしょう。さらに上手、下手は個体によって決まるだけではなく、その日、その個体が占めた位置によっても変わるでしょう。オオアオサギは群れに参加することによって、その一日、エサがまったく取れないというリスクを小さくしていたのです。

同様の結果は、種子食のズアオアトリを用いた実験によっても確かめられました。ズアオアトリたちは単独で採食したときには、飛び抜けて多くの種子（一日一二〇粒以上）を食べられる場合もありましたが、体力維持にぎりぎりの一日三〇粒程度しか食べられない場合もあり、バラツキの大きさが目立ちました。それに引替え、群れ（実験では四羽）で採食するとバラツキは小さくなり、どの個体も平均して種子を食べることができました(8)。

個体にとっては、群れ採食による時間やエネルギーの効率化や、群れに参加することで捕食者からの安全性をはかるという側面も大切です。この効果は群れのすべてのメンバーに等しく作用します。しかし、群れを構成するメンバーは等質ではありません。リスクの分散は、むしろ群れにおける弱者、若い個体や未経験の個体にとって重要性をもちます。強い個体だけが生き残れるのではなく、弱い個体も群れに参加することで生き残れるという、この側面が鳥たちの群れ生活を考えるときに決定的に重要なのです。

5 弱い鳥でもみんなで防衛

5章の扉絵 **コアジサシのフン爆弾**

コアジサシのコロニーにオオタカ出現！コアジサシたちは果敢にフン攻撃を仕掛けている．

鳥たちは、タカやキツネなどの捕食者から集団で身を守ります。この行動はとくにカモメ類やアジサシ類など、集団で巣をつくる海鳥の仲間でよく発達しています。たとえば埋め立て地や河川敷の砂地に集団で巣をつくっているコアジサシのコロニーに足を踏み入れると、かれらはキッキッと鳴きながら、ヒトの頭スレスレに急降下して威嚇します。昔、大阪湾の埋立地でコアジサシのコロニーを調査していたとき、フンを落とされて弱った思い出があります。まさに〝急降下爆撃〟です。

海鳥たちの共同防衛

英国の北にあるシェトランド島の海鳥のコロニーではたくさんのミツユビカモメが営巣しています。ここへトウゾクカモメがやってきて、ヒナや卵を取っていきます。一方、ミツユビカモメも負けてはいません。果敢に攻撃に飛び立ちます。このとき、〝攻撃部隊〟の数が少ないとトウゾクカモメを追い払えません。スウェーデンのアンダーソンは、モビングをするミツユビカモメの個体数が多ければ多いほど、トウゾクカモメを効果的に退散させることができることを示しました[1]（表5・1）。

海鳥のように密なコロニーはつくりませんが、チドリの仲間で田畑に巣をつくるケリもまた、集団で巣やヒナを守る行動をみせてくれます。繁殖期のケリはペ

表5・1　トウゾクカモメの追い払いの成功は，それに参加したミツユビカモメの数によって決まる（Andersson[1]）

	追い払い成功	追い払い失敗
参加個体数	11.6±1.1 羽	5.6±1.3 羽

アで生活し、なわばりには他個体の侵入を許しませんが、巣のある田んぼに人や犬が近づくと、その巣の親ばかりではなく周辺の個体までが集まってきてキリッキリリと激しく鳴いて攻撃をしかけ、犬が尻尾をまいて逃げ出すまでつっかかっていきます。

ノハラツグミの集団防衛

こうした集団防衛は何に対しても有効かというとそうではありませんが、大きさの差が少ない捕食者に対してはかなりの効果があります。コアジサシにしても相手がイヌやネコぐらいになると追い払えずに、巣がやられてしまいます。小さな鳥たちがいくらがんばってもイタチやキツネを追い払うことはできません。

けれど、ツグミぐらいの大きさになると話は違ってきます。スカンジナビア半島のノハラツグミは最高四一巣までのコロニー（といってもサギやカモメのよう

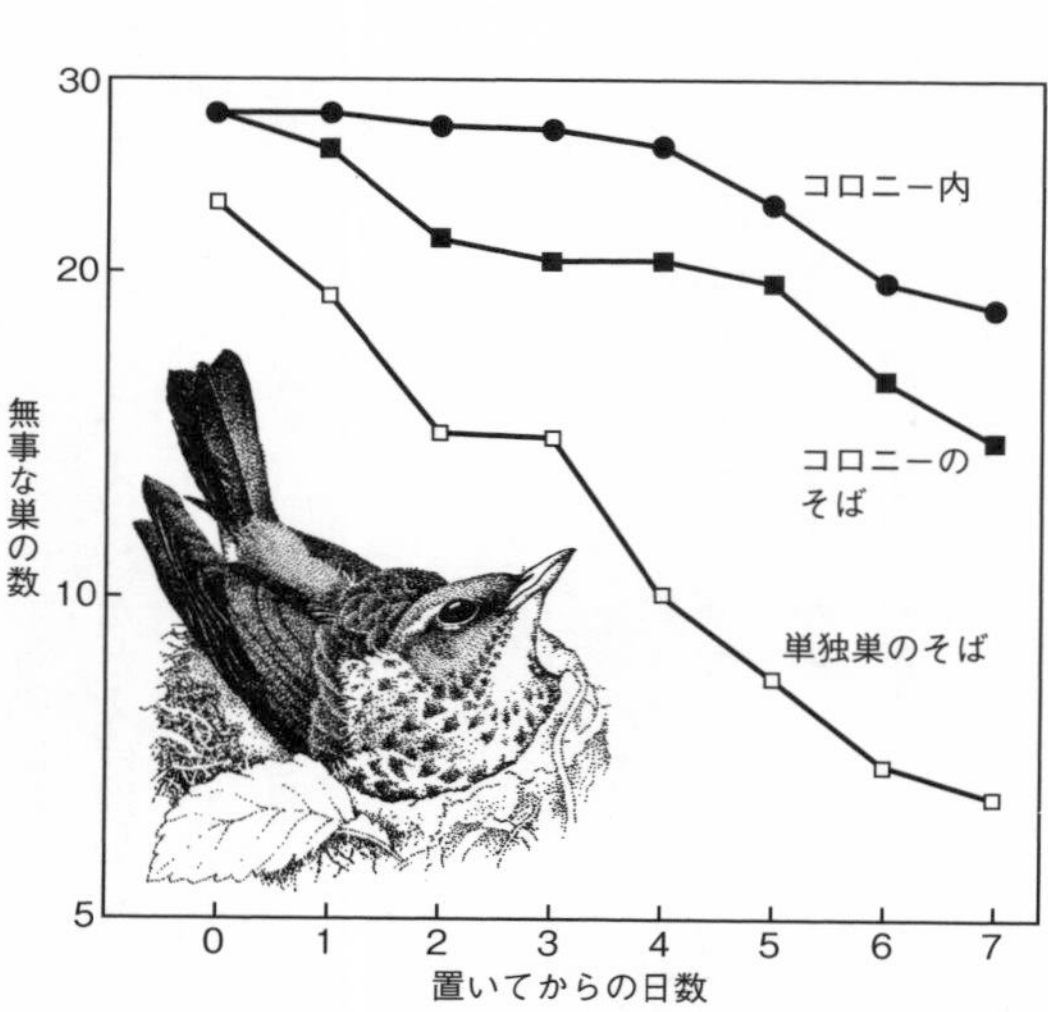

図5・1　ノハラツグミのコロニーに置いた人工巣の残存数．コロニーの中に置いた方がそばに置いたものや単独巣のそばに置いたものより，遅くまで捕食されずに残っている（Andersson & Wiklund[2]）

に密なものではありません）をつくって繁殖し、コロニーに近づくカラスなどを集団で攻撃して追い払います。ノハラツグミはツグミ類のなかでも最大級の大きなツグミなので、集団での防衛はかなり効き目があるようです。

この集団防衛が実際にどれくらいの効果があるのかを、アンダーソンとヴィークルントは実験で確かめました。アンダーソンらはノハラツグミのさまざまな規模のコロニーの内外に、ウズラの卵を二個入れた人工の巣を置き、この巣が捕食者にやられる割合を調べてみました。すると、コロニーが大きいほど、そしてコロニーの中心部ほど、人工巣が捕食者にやられる割合は低いことがわかりました[2]（図５・１）。集団防衛が繁殖成功率を高めているのです。

ノハラツグミとチゴハヤブサの〝共生〟

ノハラツグミについて、もう一つおもしろい事実が知られています。それはノハラツグミとチゴハヤブサの間に〝共生〟関係があることです。ヴィークルントによると、ノハラツグミたちはチゴハヤブサの巣の近くに好んで営巣し、それによってノハラツグミとチゴハヤブサの繁殖成功率がともに高くなるのです[3]。ノハラツグミはチゴハヤブサの威を借りて他のタカ類やカラスから身を守り、チゴハヤブサは巣を空けたときカラスなどに卵やヒナがやられないよう、ノハラツグミの集団防衛をあてにしているのです。ノハラツグミのコロニーの中に営巣したチゴハヤブサは、ノハラツグミを絶対に襲わないといいます。

こうした猛禽類の巣の利用は、コロニー性ではありませんが、日本でもよく知られていて、オオタカの巣の下部にスズメが営巣した例や、ツミの巣のまわりにオナガが営巣している例などが知られています。

ペンギンの保育士さんは忙しい

ペンギンたちは繁殖も集団で行いますが、巣立ったヒナたちもクレイシ（creche）とよばれる保育集団をつくります。クレイシは、ペンギン類以外ではアジサシ類やフラミンゴ類、そして一部のカモ類でみられます。このクレイシも、捕食者に対する共同防衛の必要から形成されるらしいのです。ここでは青柳昌宏さんと田宮康臣さんによって行われた南極大陸でのアデリーペンギンのクレイシの研究をみてみましょう[4,5]。

ヒナたちは孵化後三週目までは巣にいて、常に両親の片方がヒナを守っていますが、四週目に入ると近所の巣のヒナたちが寄り集まってクレイシとよばれる集団を形成し、両親は海へ採餌に出て行きます。親たちは海から帰ってくるとクレイシに戻り、ヒナたちに給餌を行います。ところでコロニーから海まではかなりの道のり。いったんコロニーを離れると、親たちは何日もヒナのところへは戻ってこられません。ペンギンのヒナたちの大敵はナンキョクオオトウゾクカモメ。このトウゾクカモメは魚も食べますが、ペンギンの卵やヒナが大好物です。親の留守中に襲われたら、かなり大きくなったヒナでも餌食にされてしまいます。

そんなとき、活躍するのが〝保母〟さんや〝保父〟さんです。アデリーペンギンたちのクレイシには、親以外の個体が何羽もついてヒナを守ることが知られています。田宮さんの観察によると、これらの個体はかなり積極的にヒナの面倒をみます。呼び出し給餌のとき、クレイシから遠く離れたヒナを、親鳥に代わって突いたり押したりしてクレイシに連れ帰ったり、ナンキョクオオトウゾクカモメがヒナを狙って出現すれば飛びかかって追い払い、襲われているヒナがいれば助けに行くのです。[5] 孵化が始まる頃、コロニーに戻ってきてヒナの面倒をみるこれらの鳥は、未成熟の非繁殖鳥や早い時期に繁殖に失敗した個体だといわれています。

もしペンギンたちがクレイシをつくらなかったらどうでしょう。たとえコロニーであったとしても、親鳥がエサを取りに行っている間に、まわりの巣から次々と襲われてしまいます。ペンギンのクレイシはおそらくナンキョクオオトウゾクカモメの強い捕食圧に対抗して形成されるようになった互恵的利他行動の好例と考えられます。

湿原の「卵壊し屋」、セジロミソサザイ

集団防衛は、タカやキツネのような捕食者に対してだけ効果をあらわすのではありません。ハゴロモガラス（米国のブラック・バードはこの鳥です）はその名の通り、真っ黒な体に肩の赤白の斑紋（エポレット）が目立つ北米の代表的な鳥です。おもな生息場所は湿原で、そのうるささといい、ちょうど日本のオオヨシキリの地位を占めている鳥です。カナダのブリティッシュ・コロンビ

アで、このハゴロモガラスを調べていたオタワ大学のピックマンらは、この地域のハゴロモガラスの巣が他の地域と異なり、湿原の中にかたまって存在することに気がつきました[6]。

ピックマンらの調査によると、ハゴロモガラスの繁殖失敗のおもな原因はセジロミソサザイなのです。ハゴロモガラスより大きな鳥が天敵だというならわかりますが、ハゴロモガラスの三分の一ぐらいの小さなセジロミソサザイが、なぜハゴロモガラスの天敵になるのでしょう。

じつは、この地域のセジロミソサザイは、自分のなわばり内にある他の鳥の巣を襲って卵を壊してしまうという習性をもっていたのです。ピックマンらは人工の巣の中に卵を入れ、セジロミソサザイの巣の近くや、ハゴロモガラスの巣の近くに置くという実験を行ってみました。すると、セジロミソサザイの巣からの距離が遠いほど（図5・2）、そしてハゴロモガラスの巣がかたまるほど、卵壊しに遭う被害が少ないという結果が得られました。いくらハゴロモガラスが強くても、留守宅を襲われてはたまりません。かれらは集合して巣をつくることによって、共同防衛を行い、セジロミソサザイの卵壊しに対抗していたのです。

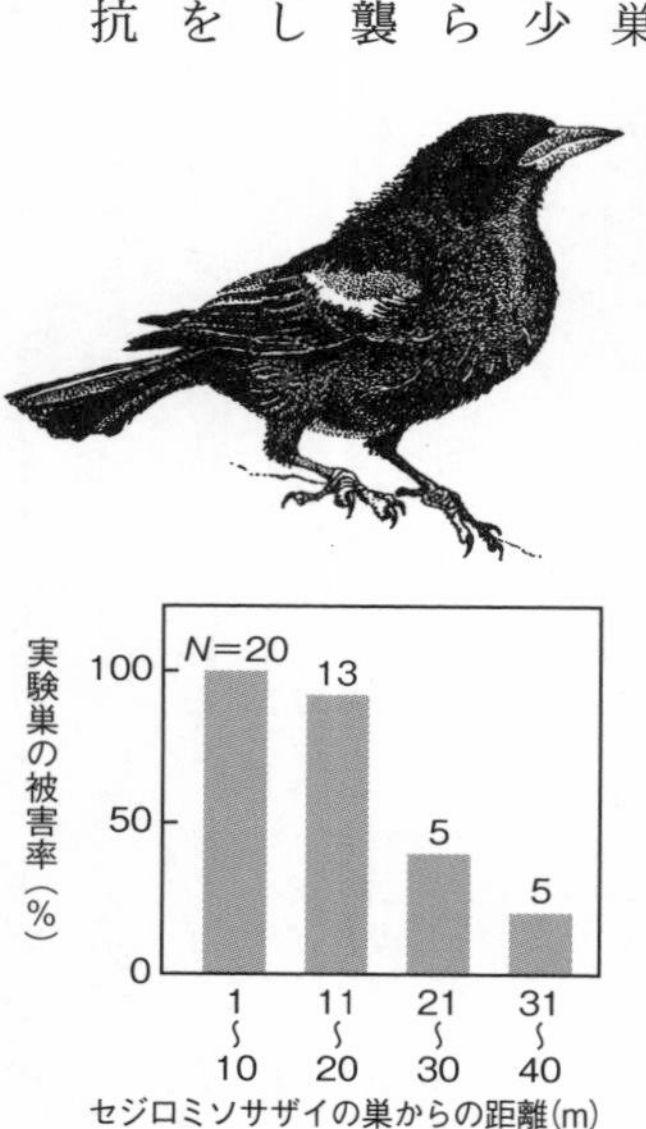

図5・2 セジロミソサザイの巣から離れるほど人工巣の被害率は低くなる（Picman ら[6]）

6 目の数を増やすか、うすめるか

6章の扉絵 **カルガモのヒナ混ぜ**

ヒナをいっぱい連れたカルガモのお母さん．２家族が混じってしまうと，ヒナたちには自分のお母さんの区別がつかない．“ヒナ混ぜ”現象である．

集団防衛ができればそれに越したことはないのですが、なかには集団で敵に対抗するガッツのない鳥たちもいます。向かっていっても力の差がありすぎて、どっちみちやられてしまうのなら、「三十六計逃げるにしかず」で、さっさと逃げた方がいいに決まっています。タカやハヤブサなどの猛禽類の狩りが成功するのはほとんど不意打ちの場合に限られていますので、狙われている鳥が警戒を怠らないとすると、捕食者はその鳥を襲いにくくなります。

モリバトは目の数を増やす

英国のケンワードは、訓練したオオタカをつかってモリバトの群れを襲わせ、ハトの群れの大きさとタカの攻撃成功率の間に負の相関があるのを発見しました[1]（図6・1上）。ハトが一羽でいると、その八割は捕まってしまいます。けれど、一〇羽以上になるとオオタカの狩りが成功する確率は二〇％に下がります。モリバトにとってみれば、一〇羽でいれば一羽でいるときの四倍も安全なのです。群れが大きくなればなるほど、オオタカはモリバトを襲いにくくなったのです。

群れが大きくなると、なぜオオタカの狩りの成功率が下がるのでしょうか。それは、群れが大きくなると、目の数が増え、群れの中の誰かがそれだけ遠くからタカを見つける確率が高くなるということです（図6・1下）。だから大きな群れをつくっているモリバトたちは、タカが遠くにいるうちに逃げ出すことができて、不意打ちをまぬがれるのです。

図6・1 モリバトの群れの大きさとオオタカの襲撃成功率の関係（上）．群れが大きくなると成功率は低くなる．モリバトの群れの大きさとオオタカの接近に対する反応距離の関係（下）．群れが大きくなると遠くからでもタカを発見できる（Kenward[(1)]）

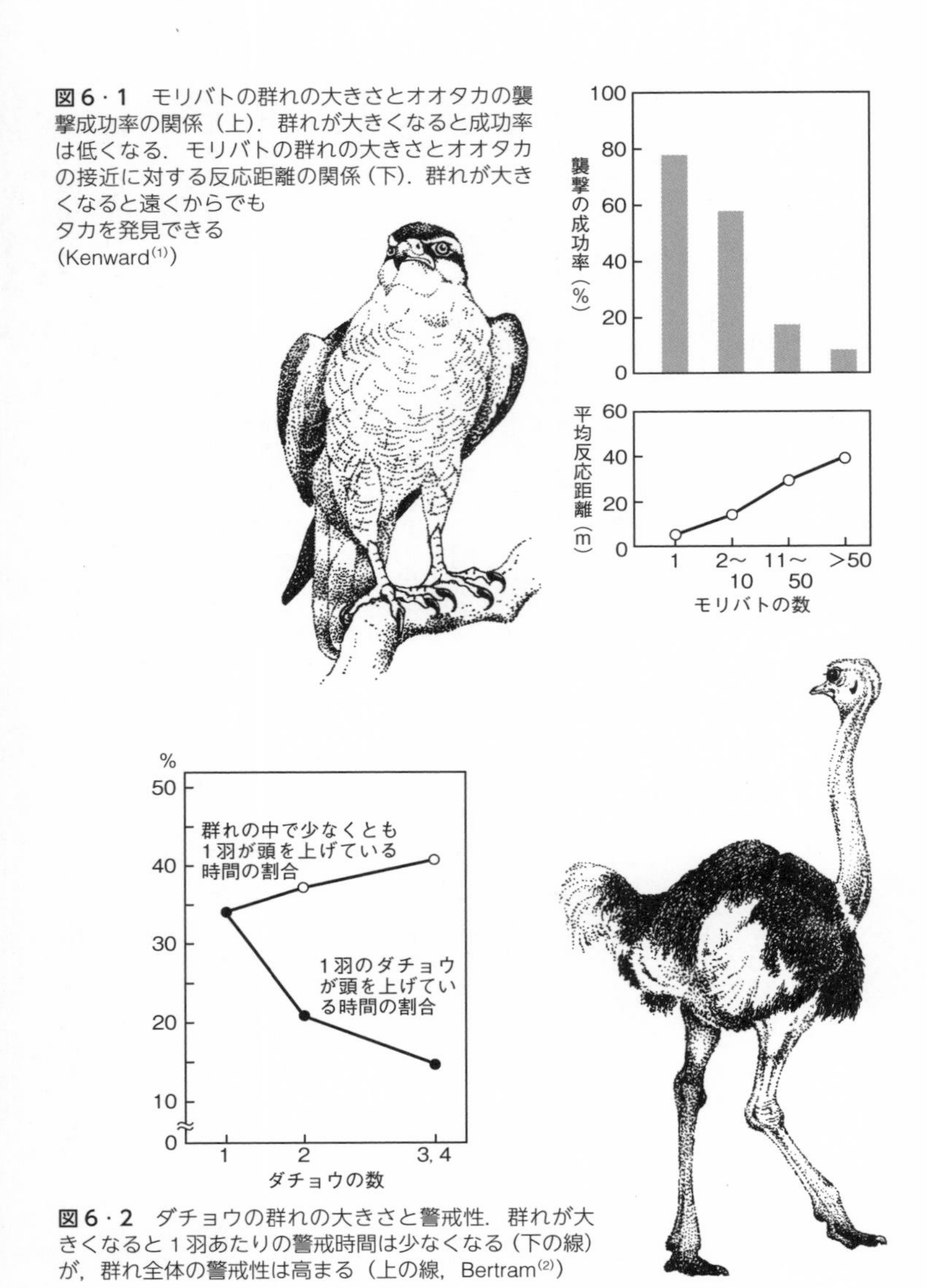

図6・2 ダチョウの群れの大きさと警戒性．群れが大きくなると1羽あたりの警戒時間は少なくなる（下の線）が，群れ全体の警戒性は高まる（上の線，Bertram[(2)]）

ダチョウの首はなぜ長い

同じことは、ダチョウでも知られています。ライオンの研究で有名なブライアン・バートラムはケニアでダチョウの群れを研究し、群れが大きくなると、一羽一羽が警戒に使う時間は短くなる一方で（図6・2下の線）、群れ全体としての警戒性（少なくとも一羽が首を上げて警戒している割合）は高まること（図6・2上の線）を発見しました[2]。

群れをつくることによって一羽一羽のダチョウは警戒に使う時間を短縮できる一方、余った時間を採餌に振り向けることができます。この場合、おそらくダチョウたちは、仲間が首を上げているのを横目で（鳥の視野は私たちよりずっと広いので横目をしなくても構いませんが）見て、「まだ大丈夫だな」とエサを食べるのでしょう。この場合、一羽一羽が隣の個体に関係なく首を上げていても構いません。警戒性は、群れの大きさに応じて直線的に増加していきます。

むしろ首を上げる間隔がランダムである方が、ダチョウにとって有利に作用します。もしかれらがある一定の時間間隔で首を上げるとすると、草原の中を草に隠れてゆっくり忍び寄っていくライオンは、次にダチョウが首を上げる時間を予測して、ダチョウに接近することができます。

しかし間隔がランダムだと、ライオンはいつ前進すればよいかがわからなくなります。ライオンにとってみれば、ダチョウがいつ首を上げるのかわからないほどやっかいなことはありません。遠くから見つかってしまえば、ライオンは襲撃をあきらめるしかないのです。ダチョウの首が長いのは伊達ではないのです。

いかさま師は出現しないのか

群れによる警戒には別の問題もあります。それは群れを構成する個体がすべてまじめに働くかという問題です。群れが大きくなって、群れによる警戒率が一〇〇%に達したときに、群れの中に警戒をまったく他人まかせにして、自分はさぼってエサばかり食べている個体（いかさま師）が出現したらどうなるでしょう。これまでの研究では、群れの中にそうしたいかさま個体がいるということは知られていません。いかさま個体は自分がいかさまをしようとするとき、他の個体も同様にいかさまをしているかもしれないと不安になって、首を上げるのかもしれません。

もう一つの問題、それは鳥たちが首を上げるのは本当に捕食者だけを警戒しているのかという問題です。鳥の群れはけっして譲り合いの精神だけで成り立っているのではありません。鳥たちが群れで採食しているところを見ていると、ときどき、エサを取っている個体を追い払って、自分がその場所で採食するちゃっかりした個体がいることに気がつきます。

群れの中には順位があります。弱い鳥は、強い鳥がやってくると場所を譲らねばなりません。ですから弱い鳥が首を上げているのと、強い鳥が首を上げているのとでは、その意味が違ってきます。つまり弱い鳥による警戒には、自分が採食している場所を強い鳥に奪われないように周りの個体の動静を見張るという意味もあるのです。この行動は、ハクトウワシやカオジロゴジュウカラ、エボシガラなどで知られています。[3]

〝みんなでいればこわくない〟
——鳥たちの統計学

ダチョウでは、群れの大きさが増加しても、警戒性は徐々にしか増加しませんでした。しかし、一羽のダチョウがライオンに食われてしまう確率は、群れが大きくなるにつれてどんどん低下していきます。また小さい鳥は集団防衛ができないと書きましたが、小さい鳥でも群れでいるだけで、その一羽が捕食者にやられる確率は低くなります。次の例を考えてみてください。

鳥が一羽でいるときと一〇羽でいるときにタカに出会った場合を考えると、一羽でいるときにタカに出会えば狙われるのは自分しかありませんが、一〇羽でいるときに出会えば自分が狙われる確率は一〇分の一に下がります。一〇〇羽、一〇〇〇羽と群

図6・3 ダチョウの群れ（タンザニアにて）

れが大きくなればなるほど、タカにやられる確率は小さくなります。

もちろん群れが大きくなれば、それだけタカに見つけられる確率も高くなりますが、その一方で、タカにとっての捕獲効率も低下するので、一〇〇羽の群れが一〇〇倍も襲われやすくなるということはありません。ある個体にとって一羽でいるより一〇〇羽でいたほうが格段に有利だと考えられます。これを、クレブスとデイビスは「うすめの効果」(dilution effect)とよびました[4]。〝みんなでいればこわくない〟のは心理的なものだけでなく、確率的にも保証されているのです。

ヒナを混ぜるのもうすめの効果

カモの仲間のアイサ類やケワタガモ類、シジュウカラガン、コオリガモ、アラナミキンクロ、アメリカオシ、そしてツクシガモ類など、かなり多くの種類のガンカモ類で、〝ヒナ混ぜ(brood mixing)〟というおもしろい現象が知られています。それは、巣立ったヒナを連れた親同士が出会うと、双方のヒナが混じってしまい、親もそれには無頓着でゴチャ混ぜになったヒナを適当に引き連れていってしまう現象です[5]。

日本で繁殖しているカルガモやオシドリでも、同様の現象が知られています。自分の親がどちらかということには関係なくヒナが適当についていってしまうのは、カモの仲間では一般的なようです。

この行動の進化についてはいろいろな説があります。その一つの解釈が「うすめの戦術」です。

つまり、親はなるべく多くのヒナを獲得しておいて、敵に襲われた場合に自分のヒナがやられる確率を低めようとしているというのです。この立場に立つと、相手のヒナをより多く獲得するほうが優位な個体になるわけですが、パターソンらの研究によると、ツクシガモでは出会いの後でヒナを多く獲得するのは劣位の個体であることから、優位個体は自分のヒナの世話を他人に押しつけているのだと考えられています。[6]

ホンケワタガモでは、ヒナが大きくなるとたくさんの家族が一箇所に集まって、河口などに数百羽の大きな集団をつくります。[7] 一羽でヒナを連れていると、捕食者に襲われた場合、ヒナがバラバラになってしまったり、反撃に追われているうちにヒナがさらわれてしまうかもしれません。集団でいれば群れによる防衛やうすめの効果が働きます。ホンケワタガモの母親は、集団に混じることで捕食者に狙われる危険を低め、自分と子どもたちの身の安全をはかっていると考えられます。

7 一羽と群れとどっちがいい？

7章の扉絵 **マガモの群れ採食**

群れでいると安心感があるのか，マガモたちは頭を水中に突っ込んでゆったり採食している．

群れで採食することによって、鳥たちは一羽で採食したときよりも、効率的にエサを得ることができます。ゆえに多くの鳥は群れを形成します。しかし、群れで採食することが必ずしもいいことずくめかというと、そうではありません。

他人はジャマだが…群れ採食の矛盾

オオアオサギたちは、水辺に群れて魚を追います。夏休みのプールで、子どもたちが金魚のつかみどりをしている情景を思い出して下さい。広いプールに子どもが一人だと、金魚はスイスイ逃げてしまってなかなか捕まりません。それが、子どもたちの数が増えてくると金魚も逃げ場がなくなって、あちらでもこちらでも子どもの歓声があがるようになります。同様に、オオアオサギでも群れサイズが大きくなると、時間あたりの捕獲数は上昇します（図4・1参照）。

しかし、曲線はまっすぐ上昇していくのではありません。あるところまでいくと頭打ちの状態になります（図4・1）。捕獲率も群れサイズとともに上昇していきますが、群れの大きさが二五羽以上になるとわずかに下がり始めます（図7・1）。つまり群れの大きさが増加しても、ある程度以上は捕獲効率は上昇しないのです。[1] それは、群れが大きくなると個体間の干渉が増加するからです。プールに入っている子どもの数が増えすぎて、あちこちでぶつかったり、ケンカが起こるようになって、金魚を捕まえるどころではなくなるといったところでしょうか。

昼のメニュー、夜のメニュー――アカアシシギの採食戦略

ゴス=カスタードはスコットランドの海岸の干潟で採食するアカアシシギの群れを観察し、シギたちが夜間は密な集団を形成して採食するのに対し、昼間は一羽一羽が少し間をおいてエサを探しているのを発見しました。[2] この違いは、かれらのエサの種類が昼と夜とで違っていることに基づいていました。シギたちは夜はあまり目がみえないので、触覚を用いて小さな巻貝を探し、昼間は視覚で干潟の泥の上にいるヨコエビの類を探していたのです（図7・2）。巻貝はシギたちが近づいても逃げません。しかし、ヨコエビたちは、シギたちが近づくとすぐに泥の中に潜ってしまいます。ですからアカアシシギにとっては、他個体があまり近くにいると採食の邪魔になるわけです。

一方、個体同士があまり離れすぎると、今度は警戒に多くの時間を使わねばなりませんから、エサ探しに時間をかけることができなくなります。アカアシシギの群れ内の個体間距離は「他の個体は邪魔だが、警戒のためにはある程度近くにいてもらったほうが都合がいい」という個体同士の利益・不利益のつりあいの上に決まっているようです。

一人と群れとどっちがいい？

水辺の鳥たちが皆、群れをつくって採餌するわけではありません。ある種は群れをつくりますが、別の種はつくりません。群れをつくるかつくらないかは、何によって決まってくるのでしょう。水辺の鳥たちにとって、襲ってくる猛禽類から身を守ることがまず重要です。ですからなるべ

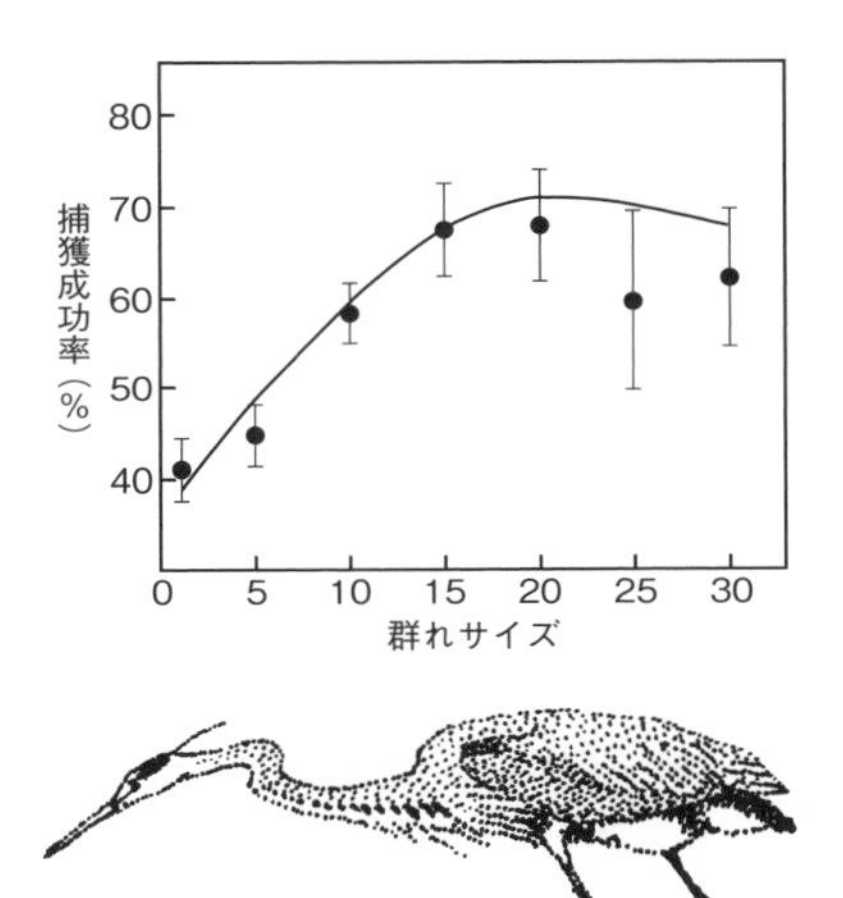

図 7・1 オオアオサギでは群れサイズとともに捕獲率は上昇していくが，群れサイズが 25 羽以上になるとわずかに下がり始める．群れが大きくなると個体間の干渉が増加するからだと考えられている（Krebs[1]）

図 7・2 干潟で採食するアカアシシギの群れ

く群れでいた方がいいのですが、採餌の際の相互干渉による不利益が大きすぎるような種では、捕食者にやられる確率が高いとしても単独でいようとするのでしょう。

たとえば干潟では、トウネンやハマシギなどのシギ類がかなり密な群れをつくって採餌するのに対し、同じ場所で採餌しているメダイチドリやダイゼンたちは単独かまばらな群れしかつくりません。かれらをよく観察してみると、密な群れで採餌している種は、歩きながらくちばしを泥の中に突っ込んで、触覚で採餌していることが多いことに気がつきます。一方、単独またはせいぜい数羽の群れのチドリたちは、トトトッと走っては立ち止まり、視覚によって泥や水の表面からエサをついばんでいます。

チドリたちにとって、単独生活の不利益はないのでしょうか。じつはチドリたちは別の戦略を用いているのです。それは、寄生戦略とでもいうべきものです。ダイゼンやメダイチドリにしても、他のシギ・チドリのまったくいないところでエサを探しているわけではありません。干潟でバード・ウォッチングをしていると、かれらは群れで採餌しているシギたちのまわりで、「一人が好きだけど、なんとなく仲間のまわりにいたい」というふうに行動しているようにみえます。チドリたちは群れをつくるシギたちのまわりに集まって、危険が接近したときの情報源としてシギたちを利用しているらしいのです。

採食についても同様のことがいえます。イギリスの冬、タゲリがたくさんいるところにムナグロが集まります。これは、ムナグロたちがタゲリをエサ発見の情報源に利用しているといわれています。さらにこの群れの回りにはユリカモメまでが集まります。ユリカモメはエサを取ったタゲリを追い回して、エサを横取りしようと、虎視眈々（たんたん）と狙っているのです[3]。ですから、これら三種の鳥が一見、仲良くエサを漁っているようにみえたからといって、かれらが共通の利益に基づいた群れを形成しているわけではありません。

群れで安心、ゆったり食事

ダチョウでみたように、群れることによって鳥たちは個体あたりの警戒時間を少なくして、余った時間を採食に振り向けることができます。ピュリアムとキャラコは、群れをつくる鳥たちが限られた時間をどのような活動に配分して使うのが最適かを考え、最適群れサイズに関するモデルを考案しました[4]。

鳥たちにとって大切なのは、捕食者に捕まらないようにすることと、飢えないようにエサが得られることです。それゆえ、鳥たちの一日の時間は、おもに捕食者に対する警戒、採餌、エサをめぐる同種内での争いに使われます。鳥たちが、この三つの活動にどんなふうに時間を配分するかが問題です。

この三つの活動は、それぞれ同時に行うことはできません。警戒するためには頭を上げていなくてはなりませんし、エサを取るためには地面を向いていなければなりません。ただし、警戒と採餌のどちらを取るかというと、少しぐらいエサを食べなくても死にませんが、タカの接近を見逃せば確実に死が訪れます。また、群れの中に順位があるとき、優位の鳥は群れ内の争いより自分でエサを取るほうを優先させる傾向があるでしょう。

ピュリアムとキャラコのモデルからは、いくつかの予測が導かれます。それは、（1）一個体が警戒に使う時間の割合は群れの大きさが大きくなるにつれて減少する、（2）群れの大きさが大きくなると鳥同士の出会いも頻繁になり、争いに使われる時間が増加する、（3）それゆえ、ある大きさの群れで採餌に使える時間が最大になる、ということです。

キャラコたちは、冬期、アリゾナの谷間で、飼いならしたタカに谷の上を飛ばせ、それによってユキヒメドリの群れサイズがどう変わるかを調べました。その結果、タカのいないときには平均三・九羽だった群れの大きさが、タカを飛ばせたときには平均七・三羽にまで増加しました。また人工のやぶをつくって隠れ場所を増やしてやると、タカに襲われる危険が少なくなって、ユキヒメドリたちは安心して採食できるので、群れの大きさは減少しました[5]。

ユキヒメドリたちは、タカに襲われるかもしれない環境のもとでは群れを大きくすることによって、警戒時間を少なくし、より安全に多くの食物を確保しようとしているのです。群れの大きさには、天敵に襲われる危険以外にもいろいろな要因が関与しています。たとえば、その日の気温が高くなるにつれて、優位の鳥は劣位の鳥を追い払うのにより多くの時間を使うようになり、その結果、群れサイズは小さくなります。温度が高いと体温維持のために使うエネルギーが少なくて済むからです。

イエスズメでも隠れ場所は大切です。英国のバーナードは、イエスズメが警戒に用いる時間が、群れの大きさとかれらが身を隠す生け垣との距離に関係していることを発見しました[6]。大きな群れにいるイエスズメほど警戒しないのは、ダチョウの例などからも予想されますが、生け垣に近いところにいるイエスズメも、遠いところにいる個体ほど警戒をしなかったのです。かれらは、採食地に十分な数(ふつうは三〇羽以上)が集まったときだけ、生け垣から離れて採餌するのです。警戒時間と群れの大きさ、そして隠れ場所からの距離、それがイエスズメの採餌戦略を決定していたのです。

8

群れは利己性の産物？

8章の扉絵 アデリーペンギンのコロニー

コロニーの中央部ほど安全性が高まる.

群れは、弱いものが捕食者から身を守るための一つの手段として進化してきました。クレブスとデイビスはその著書『行動生態学を学ぶ人に』のなかで、一度にたくさんのテニスボールを投げられた場合、その中の一つをとるのは非常に困難であることを例にあげて、捕食者にとっても、群れで動くものの中から一羽を捕まえるのは同様に困難であろうと述べています。タカに襲われた小鳥は、バラバラにならずに固まって逃げた方がよいというわけです。

群れにはリーダーはいない

「鳥の群れにはリーダーはいるのですか」とよく聞かれます。そういえば、ガンやハクチョウ、ツル、カワウなど、きれいなV字形の編隊を組んで飛ぶ鳥がいます。かれらの先頭になって飛んでいるのがリーダーだと思う人も多いのでしょう。けれどこのV字形の編隊をずっと見ていると、やがて先頭の鳥が二番目の鳥に位置を譲り、その鳥もまたしばらくすると別の鳥に先頭を譲ります。その順番もランダムで、いわゆる恒常的なリーダーがいるのではないようです。

ボールになって逃げる——利己的集団理論

干潟で、ハヤブサに襲われているハマシギの群れを見たことがあります（図8・1）。ハマシギたちは密集したボールのような集団になって、右に左に方向転換しながら逃げていきました。捕食者の襲撃に対して群れをつくるのはわかるとして、この場合の群れはなぜこんなに密なのでしょ

図8・1 ハヤブサに襲われるハマシギの群れ．ハマシギたちはできるだけ真ん中へ密集しようとする

う。

社会性ハチ類の進化理論で有名なハミルトンは、捕食者に襲われた動物たちが密集するわけを次のように説明しました。それは捕食者が群れを襲うとき、群れの中心部を狙うよりも、周辺部の一個体に狙いをつけた方が成功率が高いという事実に基づいています。ということは、群れを構成する一羽一羽の鳥にしてみれば、なるべく群れの中心部に位置した方が、やられる確率は低くなるということです。そこで〝利己的な〟個体は中心部を占めようとして、密なボールを形づくるというわけです。ハミルトンはこれを、利己的な集団（selfish herd）と名づけました[1]。

真ん中は安心――繁殖コロニーも利己的集団

利己的集団仮説は、鳥たちが敵に襲われたときだけでなく、コロニーで繁殖している場合にも当てはまります。コロニーがある範囲をもって広がっているとき、周辺よりも中心部の方が捕食者にやられる確率は小さくなります。ヴィークルントは、スウェーデンの樺（かば）の林につくられたノハラツグミのコロニーで、どういった条件が繁殖成功率に影響するかを調べました。すると、大きなコロニーほど、そしてコロニーの中心部ほど、巣が捕食者にやられる割合は低いことがわかりました。(2) どんな個体がコロニーの真ん中に巣をつくれるかをヴィークルントは述べていませんが、中心部ほど繁殖成功率が高いのは事実です。

南極のペンギンたちのコロニーでは、巣は常にナンキョクオオトウゾクカモメに狙われていいます。オオトウゾクカモメたちは魚も食べますが、ペンギンのコロニーへの依存度も高く、常にコロニーの周りで親鳥の隙（すき）をうかがっています。アデリーペンギンの調査を行った田宮康臣さんによると、オオトウゾクカモメたちは、コロニーの中央部に卵が放置されているのを見つけると、上空から降下して一瞬のうちにくわえて飛び去り、周辺部なら身をかがめてすばやくコロニー内に走り込んで、卵をくわえて飛び立ちます。(3)

コロニー周辺部の孤立している巣ほど、捕食にあう危険が大きいことがわかっています。オオトウゾクカモメは周辺部で卵を抱いているペンギンの両側から交互に襲いかかり、後ろの一羽が尾羽の付け根をつつきます。そして、怒ったペンギンが振り向いた隙に、前に回った一羽が卵を盗んでしまいます。孵化したヒナも安心できません。オオトウゾクカモメは、そうとう大きなヒナでも積極的に襲撃して巣から引きずり出して捕食します。しかし、なかにはペンギンたちの反撃を受けて袋だたき［ペンギン類の翼は泳ぐための堅いヒレ（フリッパー）になっており、これが武器になります］にあうドジなオオトウゾクカモメもいるそうです。

こうして、アデリーペンギンのコロニーは、周辺部の巣がオオトウゾクカモメにやられてどんどん小さくなっていきます。あるコロニーでは、一四六卵中一〇七卵（七三・三％）がオオトウゾクカモメにやられてしまいました。これでは、もともと小さなコロニーは全滅してしまいます。ペンギンの卵やヒナに対するオオトウゾクカモメの捕食圧を考えると、ペンギンたちがなぜ大きなコロニーで繁殖しなければならないかがわかっていただけると思います。

このように周辺部の巣からオオトウゾクカモメの捕食にあうとすると、ペンギンのコロニーは大きな方が有利で、形に関していえば細長いものより、円形のものが有利だといえます。ただし田宮さんの観察によると、巣が捕食にあいやすいかどうかには、そのコロニーが〝有力な〟オオトウゾクカモメのなわばりの中にあるかどうかという要素が大事だそうです。コロニーが勢力の強いオオトウゾクカモメの大きななわばりの中にあると、周りのオオトウゾクカモメはその中に入ってこられずに、結果的に捕食率が低く押さえられるのです。

雪嵐の日に移動するコウテイペンギンの抱卵集団

南極の冬、コウテイペンギンのオスたちは脚の水かきの上に卵をのせて、集まって抱卵します（図８・２）。ときにはマイナス四〇度にもなる極寒の環境、そこで二カ月にもわたって、何も食べ

図8・2 コウテイペンギンの抱卵集団．オスたちは卵を脚の上にのせて，暗くて寒い南極の夜を過ごす

ずにじっと抱卵するコウテイペンギンのオスたちの苦労は大変なものです。ブリザード（雪嵐）の日には、さすがのオスたちもつらいのでしょう。風上にいた個体が、だんだんと風下に回ってきます。そうして風上の個体が風を避けて順々に風下へ行こうとするため、抱卵集団自体が一晩の間に、ときには二〇〇メートルも移動してしまうこともあります[4]。

これは利己的な行動なのでしょうか、それとも利他的（または協調的）な行動なのでしょうか。みなが順番に場所を変わって、一羽の負担を少なくしようとしているとなると利他的な行動と考えられます。けれどそれなら、集団自体が場所を移動することの説明がつきません。集団が二〇〇メートルも移動してしまうことが、風上の個体が次々と風下へ回って、利己的な行動をとることを示しています。

ところで、この集団の中には優位の個体も劣位の個体もいるはずです。劣位の個体だけが損をしたり、風上に追いやられたりはしないのでしょうか。そこまでは研究が進んでいませんが、厳しい環境に生きているコウテイペンギンの抱卵集団ではそんなことはないような気がします。それはもし、劣位の〝いじめられ個体〟が出て、それが死んだりしたら、群れの大きさが小さくなって風上へ回るローテーションが早くなり、群れの他の個体にとっても損失だからです。かれらは一羽一羽は利己的に風下へ回ろうとしつつも、群れ全体としてはみながブリザードに耐えて生き抜けるように、結果的には無駄な争いを押さえて、協調的な行動をとるようにしているように思います。

シギたちのコーラスライン

ハミルトンの「利己的集団」の見方は、確かに集団を構成する個体の心理の一面を突いています。捕食者に襲われた鳥たちも、コウテイペンギンの抱卵オスたちのように、みな〝自分だけは助かりたい〟のです。けれど、個体がその場その場で自分の利己心だけを優先させていたらどうなるでしょう。みなが真ん中に入ろうと先を争ったなら、群れは乱れて、まさにハヤブサの思うつぼです。かつてのラッシュ時の鉄道や、百貨店のバーゲンでの買物客の行動を知っている人は、人々が先を争ってなだれ込もうとして、結局、きちんと列をつくって並ぶより、余計な時間がかかってしまうことをご存じでしょう。これと同じです。むき出しの利己心だけでは、まとまった群れはつくれないのです。

鳥たちの群れは、じつによく統制がとられています。たとえば、シギの群れが干潟の上で急に方向転換するときなど、群れの全メンバーが一瞬のうちに向きを変えます。まるで目に見えぬ意志に操られているようです。一羽一羽が自分の隣の個体の行動を見て曲がっていたのではとてもこうはなりません。どのようにして、こうした一矢乱れぬすばやい方向転換ができるのでしょう。リーダーがいて号令しているわけではないことはわかっていました。昔は、鳥たちが鳴き声によって動きを伝達しているのだとか、なかには電磁波によって伝わるのだろうというような説を唱えた人もありました。

米国ユタ州立大学のポッツは、ハマシギたちの群れの動きを一六ミリフィルムから分析し、そのメカニズムを明らかにしました⑤。五〇コマ/秒で撮影されたフィルムを見ると、ハマシギの群れが方向転換をするとき、まず一〜三羽の個体（一羽-九回、二羽-三回、三羽-二回）が方向を変えます。ついで、その動きが群れ全体に波のように伝わっていきます。このとき、はじめに方向を変える個体は群れの先頭にいる必要はありません。その個体がどこにいようと（最後尾でも）、方向転換の波は伝わります。波が隣から伝わるスピードはわずか〇・〇一五秒――それは実験室で測定された、ハマシギが隣の個体を見て反応するのにかかる時間、〇・〇三八秒の半分以下です。ただし、最初に隣の個体が反応するスピードは〇・〇六七秒でかなり遅いこともわかりました。この場合は、まず隣の個体の動きを見て、反応しているのでしょう。そして、まだ方向転換する心の準備

(?・)ができていないので、一瞬、反応が遅れるのでしょう。波はゆっくり始まって、急激にスピードを増すのです。ハマシギたちはどうしてこんなにすばやく反応できるのでしょうか。

宝塚歌劇のショーをご存じでしょう。何十人もの踊り子たちが、一糸乱れぬラインダンスを繰り広げます。このとき、動きの波はじつに滑らかに、しかもすばやく伝わっていきます。ダンサーたちは、波を伝えるのに隣の人の動きを見ているのではありません。彼女らは、音楽に合わせて波の到来を予測して、自分の動きを調整しているのです。

じつはハマシギたちの群れでも、ラインダンスのダンサーたちの間における動きの伝わり方と同じメカニズムで動きが伝わっていたのです。最初に方向転換した個体の動きが視覚によって全体に伝わるわけですが、各個体は隣の個体を見てその動きを始めるのではなく、遠くにいても変化の波の到来を予測して反応していたのです。ですから、全体に動きが伝わるのにそんなに時間がかからないのです。鳥たちがかくも見事な協調行動をとることに、私たちは強い驚きを覚えます。

ちなみに人間の場合、隣の人の動きを見てから反応すると〇・二秒、コーラスラインの波を予測して反応すると、〇・一秒で波を伝えることができるそうです。ハマシギに比較して、だいたい六倍鈍いといったところです。

群れを数式化——ボイドモデル

飛んでいる鳥の群れの様子を簡単な数学モデルで表す試みが、一九八七年にクレイグ・レイノルズによって提唱されました。彼の理論は、（1）中心への集合、（2）衝突の回避、（3）速度の同調という三つのルールを規定するだけで、鳥の群れの複雑な動きをシミュレーションできるというものです[6]。

ちなみにボイド（Boid）という名の由来は、鳥もどきという意味の言葉〝バードイド（birdoid）〟が短くなり、こうよばれるようになったそうです。

レイノルズのボイドモデルは、自然界の生物の群れの動きを、群れ全体としてではなく群れを構成する個体の動きに注目することからつくられています。鳥の群れを観察すると、一見、群れの行動は非常に複雑なものにみえますが、一羽一羽の個体を注意深く観察すると、それぞれの個体は自分が知覚しうる世界の認識とそれへの反応に基づいて行動していることがわかります。つまり、単純な行動をとる個体が集まって、結果として複雑な群れの動きが行われていると考えたのです。

レイノルズは、群れをつくろうとする個体には、まずルール1により群れの中心に接近しようとする力が働き、群れを構成すると考えました。構成された群れの中の個体は、近くの仲間との衝突を避けるルール2によって群れの中で互いに衝突することなく自由に行動します。そして、ルール3によって周囲の個体の動きに合わせることになるのです。

このように、ボイドモデルでは、三つの単純なルールが相互に影響を及ぼし合うことで全体として複雑なふるまいを生み出し、自然界にある鳥の群れのような動きを仮想空間内で可能にしているのです。

太ったドバトはついていけない

タカに襲われた鳥たちは、群れの中における自分の役割を、そしてどんな群れを形成することがもっとも助かる確率が高いかを、よく知っているはずです。選択圧は、個体が協調的な行動をとれるかどうかに働いているのです。そして協調的な行動をとれないメンバーは群れからはじき出されてしまうのでしょう。たとえば、ドバトが野生化しているのはどこの国でも同じ現象です。英国でも、野生化したドバトが野生のカワラバトの群れに混じっていることが多いといいます。カワラバトの群れはよくハヤブサに襲われます。そのとき、ドバトは太っているために小回りがきかず、群れが旋回したときなどにはじき出されて餌食（えじき）になってしまうそうです。協調的な群れというその社会的属性が、群れを構成する個体にとっても有利な表現型として進化してきたのです。

9 警戒声は誰のため？

9章の扉絵 **警戒声にはみんなが反応**

シジュウカラは天敵のタカが近づいたのを見つけると，鋭い「シーッ」という警戒声（警告声）を出す．この声はシジュウカラだけでなく，他のカラ類，さらにはホオジロ類やアトリ類など，類縁がまったく異なる鳥たちにも「タカがいるぞ！」という同じメッセージを伝えている．この声を聞くと，鳥たちはいっせいに茂みに飛び込んで身を隠す．[やぶに飛び込むカラの姿は Dawn Huczek の写真から描画]

鳥たちは群れているとき、捕食者の接近に対して警戒声を発します。これらの警戒声は耳で聞くと、細くて高い「チィーッ」とか「シィーッ」とかいった声に聞こえます。マーラーはソナグラフを用いてこれらの声を分析し、どの種のものも驚くほど波形が似ていることを突き止めました[1]（図9・1）。この波形の類似に何か意味があるのでしょうか。

発生源は突き止めにくい?

警戒声の波形が種間で似ているのは、鳥たちが他種のものまねをしているわけではありません。それは、鳥たちの警戒声が、どの鳥のものであっても、それがどこから発せられたか、発生源をなかなか突き止めにくい音声構造をもっているからだといわれています。マーラーは、鳥たちが種の違いにかかわらず、自分の位置を敵に知られないように、そして発声者が捕食者に見つかる危険が少ないように、こうし

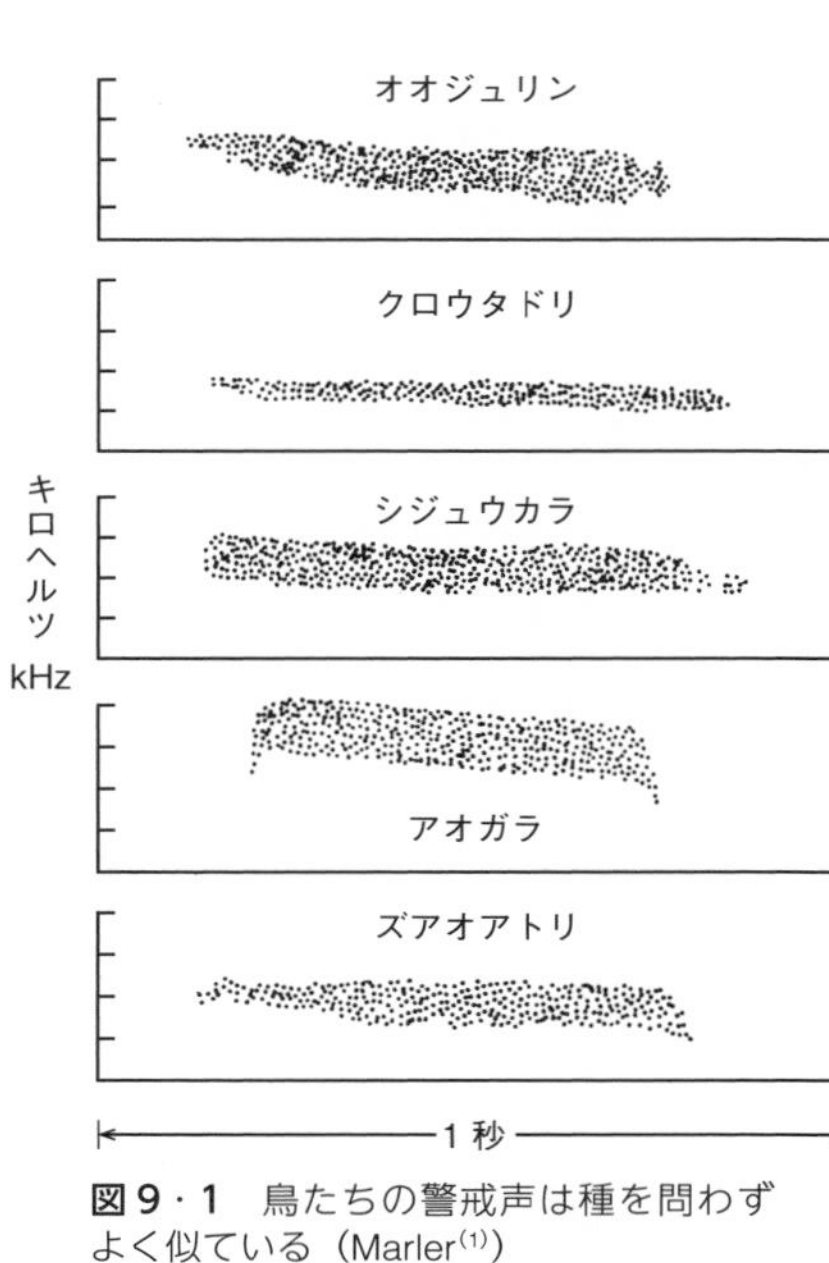

図9・1　鳥たちの警戒声は種を問わずよく似ている（Marler[1]）

た声を進化させてきたのだと考えました。

マーラーの言っていることには納得できます。しかし、この声が本当に発生源を突き止めにくい声かどうかについては、じつはまだ異論があります。シャルターは、スズメフクロウとオオタカを用い、これら二種の猛禽が小鳥類の警戒声に的確に反応できるかどうかを実験的に調べました。彼は捕食者を二つのスピーカーの間にある止まり木にとまらせて、小鳥たちのふつうの声や警戒声を流してみました。すると、スズメフクロウもオオタカも、ちゃんと警戒声の発生源を正確に突き止めることができたのです。(2)

トカゲも警戒声に反応？

鳥の警戒声にまつわる話で、おもしろい研究があります。京都大学の伊藤 亮さんと森 哲さんは、マダガスカルにすむトカゲ類（ブキオトカゲとカタトカゲ）が鳥の警戒声を利用している事実を突き止めたのです。このトカゲたちは自分では声を発しません。けれど、同じ場所に生息するマダガスカルサンコウチョウが出した警戒声を聞くとそれに反応するのです。(3)

伊藤さんと森さんは、トカゲたちがサンコウチョウの警戒声を本当に危険を知らせる「警戒の声」だと認識しているかどうか、つまりスピーカーから流れる「変な声」に対して反応しているだけかどうかを確かめるため、サンコウチョウ本来の「警戒声」とただの「さえずり」を聞かせてみました。すると、この二種のトカゲたちは、さえずりではなく「警戒声」に対してだけ反応したのです。

伊藤さんたちは、さらにマダガスカルには生息しないシジュウカラの警戒声とさえずりを、ブキオトカゲに対して再生し、その反応を比較しています。すると、ブキオトカゲはシジュウカラのさえずりよりも警戒声に対して多く警戒行動をみせ、シジュウカラの警戒声も危険を示す音声として認知していることがわかりました。別のトカゲ類や他の爬虫類も、もしかするともっと別の動物たちも、鳥たちの警戒声をちゃっかり利用して、危険を察知しているのかもしれません。

警戒声は利他的？

ここで、いじわるな問題提起をしてみます。なぜ鳥は警戒声を発して、他人に危険を知らせなければならないのでしょう。個体はすべて利己的に生きているとするなら、敵を見つけたら、自分だけこっそり隠れればいいのではないでしょうか。

おそらく警戒声を発すること自体、そんなにリスクを伴う行動ではないのでしょう。なにしろ自分はすでに敵を見つけて逃げる態勢に入っていますし、タカなどの猛禽も自分の接近に気づいた個体をわざわざ狙うことはしません。かえって警戒声は、自分が「もう気づいているぞ」と捕食者に告げることで、捕食者の意気を消沈させる効果があるのかもしれません（モビングの仮説の項参照）。仲間が減れば警戒性や「うすめの効果」も減少するから、それで「利己的な」個体は警戒声を発して仲間を守るのだという説明も考えられます。また、警戒声を発することで仲間を引きつけて、自分はその中に入って助かるという「利己的な群れ」仮説（前章）が応用できるかもしれません。

カラ類などの場合、非繁殖期の混群は家族群から構成されていますから、まわりの個体は多少なりとも血縁があるので、血縁選択（kin selection）の適用も考えられるでしょう。メイナード＝スミスは、警戒声について数学モデルをつくり、群れが血縁集団によって構成されているときは、他個体に敵の接近を知らせる行動が進化しやすいことを説明しました。しかし、もし群れ内の血縁があまり濃くないときには、警戒声を発する個体自身の利益が、不利益を相当上回っていなければならないことも同時に示しました。[4]

しかし、鳥たちのなかには異なる多くの種が集まって一つの群れ（＝混群）をつくっている場合があります（第12、13章）。このとき、警戒声は混群の他のメンバーに対して、種を問わず効果を発揮します。マーラーらが示した音声の波形の類似は、混群内でも警戒声が機能するための条件です。もし警戒声の進化を血縁選択で説明しようとするならば、まったく血縁関係にない、何種類もの種から構成された混群における警戒声の説明がつきません。

私は思うのですが、敵が近づいたときに自分だけ隠れるような性質は、緊密な群れ関係を維持し、それによって自分の適応度を高めようとする性質と、まさに相反するものであって、そんなものは進化しえないのではないでしょうか。たとえば、敵を見つけたら自分だけがこっそり隠れる個体だけで構成されている群れと、必ず警戒声を発する個体から構成されている群れを考えたとき、前者はタカに一〇回襲われたら、必ず一〇羽の仲間（いつかはその中に自分も含まれてしまいます）が減りますが、後者はおそらく一羽の犠牲者も出さないでしょう。

悲鳴は何のため？

ブルートにさらわれたオリーブが「ポパイ、ポパイ」と叫びます。すると、ポパイがさっそく助けにきます。鳥たちも、捕食者に捕まったら大きな声で叫びます。鳥たちはなぜ叫ぶのでしょう。誰かが助けにきてくれると思っているのでしょうか。

このときの叫び声をディストレス・コール（distress call）といい、モビング・コールやアラーム・コール（警戒声）より低音で、簡単にその発生源がわかる音声です。この音声についでは（1）助けをよぶ、（2）捕食者の位置を仲間に知らせる、（3）他の捕食者を引きつけてその隙に逃げる、（4）捕食者をひるませてその隙に逃げる、という四つの仮説が唱えられています。このうちはじめの三つについてはモビング・コールについての仮説と関連しています（次章）。

理論生物学者のメイナード＝スミスは、先の論文の中で、群れが兄弟姉妹のみで構成されている場合のモデルをつくって、この声が血縁選択によって進化してきたのではないかという仮説を唱えました。[4] ローワーらはこの仮説に関して、留鳥の方が越冬している鳥より、冬鳥のなかでは夜渡る鳥より昼間に渡る鳥の方が、激しく叫ぶ傾向があることを発見し、メイナード＝スミスの仮説を支持しました。留鳥や昼に渡る鳥の方がまわりに血縁者がいることが多いというわけです。[5]

そこでペロンは、カスミ網でたくさんの鳥を捕まえ、ローワーらの仮説を検証しようとしました。[6] 彼は身体の大きさが似た種で、留鳥と渡り鳥を比べてみました。すると、夜に渡る種では身体が大きいほどディストレス・コールを発する率が高まりましたが、留鳥では身体の大きさに相関はありませんでした。留鳥のコマツグミとムナオビツグミではコマツグミの方が声を出す率が高く、留鳥のクリイロコガラは夜渡るタウンゼンドアメリカムシクイよりよく騒ぎ、ヤブガラは渡りの二種のキクイタダキより激しく抵抗しました。ということは、やはりローワーの言う通り、地つきの鳥の方が近くに血縁者がいる確率が高いので、よく騒いで助けをよんだり、危険を知らせたりしているのでしょうか。

しかしここまでくると、警戒声での説明以上にこじつけでしかないのではと思えてきます。私もこれまで数多くの鳥を捕獲して足輪をつけたことがありますが、かれらとまったく反対のデータをもっています。たとえば福井県織田山の環境庁のバンディング・ステーションでは、シベリアから渡ってきたアオジやシロハラやマミチャジナイなど、たくさんの鳥がカスミ網で捕獲できます。そのなかでもシロハラを筆頭に、夜渡るツグミ類はつかむとよく叫びます。一方、ときたまかかる留鳥のヤマガラやシジュウカラはほとんど声を出さず、こちらが油断をした隙を狙って、サッと逃げてしまいます。

この逃げ方はスズメがとくに上手で、ある日、一度逃げられて注意していたにもかかわらず、二度までも逃げられたことがありました。この経験からいうと、捕まった鳥はじっと静かにしていて、捕食者の油断をみすましてサッと逃げたほうがいいような気がします。といっても、これは鳥の研究者に対してだけ有効なのかもしれません。タカなどの猛禽は相手が鳴こうがどうしようが、いったん捕まえた獲物をそう簡単に離すとは思えません。警戒声はともかく、このディストレス・コールに関する限り、納得できる説はないように思えます。

仮想敵は誰だ！

個体間にコミュニケーションが成立するとき、信号の受け手がどういう状況にあるかで、同じ信号でもそのもつ意味が違ってきます。干潟に群れるシギたちの群れが、警戒声にどのように反応するかを調べた研究があります。リーガーとネルソンは、米国サンフランシスコ湾の干潟で、アメリカセイタカシギの警戒声をチシマシギとハマシギの群れに聞かせました。(7)

かれらはまず、シギの群れが干潟上でどこにいるかを地図上に記録し、警戒声を聞かせて鳥たちが逃げ去った後、残った鳥たちの干潟上の分布を、再度記録して比較しました。すると音源からの距離にかかわらず、水辺のヨシ原に近いところにいる鳥ほど警戒声に敏感に反応し、警戒姿勢をとったり、飛び去ったりすることがわかりました。この場所のシギたちは、警戒声が発せられたときに、水辺のヨシ原に隠れて忍び寄ってくる捕食者（たとえばキツネなど）を想定して反応していたのです。

一方、スズメではまったく正反対の傾向がみられます。英国でのイエスズメの研究では、生け垣

図9・2　エサ場の近くに集まっているスズメたちの群れ

など身を隠す場所に一番近いところにいる個体が最も落ち着いています。それは敵（イエスズメの敵はタカやネコです）が現れたときに、生け垣の中へ飛び込んで難を逃れることができるからです[8]。採食中のイエスズメに警戒声を聞かせたら、シギたちとは逆で、隠れ場所からもっとも遠いところにいる個体が、真っ先に反応することが予測されます。

私の出た大阪府立大学の農場に、馬術部の馬小屋がありました。ここにいつもスズメが集まって、飼葉からこぼれた穀物などを拾っていました（図9・2）。人が近づくと、スズメたちはいっせいに屋根に飛び上がります。屋根を安全な場所として、常にエサ場の近くに確保しているのです。田んぼに実ったイネがスズメにやられるのは、まず周囲からだという話もあります。スズメが開けた場所に出るのを避け、すぐに逃げ込める場所を近くに求めているからなのでしょう。

10 小鳥は昼間に仇討ち

—モビングの行動学

10章の扉絵 **セグロセキレイ v.s. ハシブトガラス**

小鳥たちがタカやフクロウなどの猛禽類のまわりに集まって騒ぐモビングという現象がある．これは天敵が反撃できない安全圏から行われることから，小鳥たちが天敵の特徴を学ぶための行為だといわれているが，その意味はまだよくわかっていない．

図 10・1　エナガたちは昼間フクロウのとまっているところにやってきて，まわりで騒ぎ立てるが，実際にフクロウを攻撃することはなく，常に一定の距離を置いている

「ずくひき」といって、囮(おとり)のフクロウを使って小鳥をおびきよせて捕る古来の猟法が知られています。これは小鳥たちがフクロウに対して行うモビング（mobbing）という行動を利用した猟法です。モビングとは、鳥たちが昼間フクロウやタカなどの潜在的捕食者のとまっているところにやってきて、まわりで騒ぎ立てる行動です（図10・1）。しかし実際にフクロウを攻撃することはなく、ある一定の距離をおいてなされるため、日本語では「擬攻撃」と訳されています。この現象は、古くはすでに古代ギリシャにおいても知られており、かのアリストテレスはそ

の書『動物誌』のなかで、「昼間、フクロウを竿の先に結わえつけておくと小鳥たちが群らがってくる」と書いています。

キツネに対するカモの反応――「赤犬猟」

モビングするのは小鳥だけに限りません。これも古くからの猟法ですが、カモがキツネに対してモビングする習性を利用した「赤犬猟」という猟法が知られています。毛色の赤い（茶色い）犬を囚として水辺につなぎ、そこに集まってくるカモを捕るという猟法です。

私も昔から、その名前だけは聞いていましたが、そんなやり方でカモが捕れるのかと、半信半疑でした。しかし、あのコンラート・ローレンツも、その著書『ソロモンの指輪』のなかで、茶色い毛皮を引きずって水辺を歩くだけでカモたちが反応すると書いていることを、後になって知りました。カモたちがキツネに対してモビング行動を行うことは、洋の東西を問わず、よく知られた事実のようです。

以前、カモのこのモビングの場面を写した写真にお目にかかることができました。それは佐賀県の農業用ため池で写され、動物雑誌『アニマ』に載った写真で、カルガモの群れが岸辺にやってきたキツネに対してモビングをしているのです（図10・2）。観察者の福田司さんは、キツネが水辺にやってくると、すぐにカモたちがキツネの前へ集まり、キツネが右へ行けば右へ、左へ行けば左へと、カモたちがキツネの進む方向をすぐ読み取って方向転換をしていたことを、印象として記しています[1]。そしてキツネが林の中へ去ってからも、カモたちはしばらくキツネの去った林に向かって鳴き、右往左往していたそうです。

また、『アニマ』一九八六年七月号にも、キタキツネにモビングするオオヒシクイの写真が載っています。こうしてみると、ガン・カモ類のキツネに対するモビングはかなり普遍的な行動なのでしょう。

モビングについての仮説

モビングはいろんな鳥で知られています。かれらは何のためにモビングをするのでしょうか。これまで多くの研究者がこの行動の意味について考え、いろいろな仮説を提唱してきました。たとえば、小鳥は捕食者が見えないと不安なので、それを視野に入れるために集まるのだという説があります。けれど捕食者を見るだけなら、自分が姿を現す必要はありません。まして声を発するなどは論外です。南米で

図 10・2 カルガモの群れが岸辺にやってきたキツネに対してモビングをしている

小鳥類を専門に捕らえるアオモリハヤブサは、鳥たちの鳴き声を頼りに、獲物に近づいて狩るといいます。[2] 敵を偵察したいのならば、こっそり葉陰にでも隠れて見ていればよいのです。キュリオは、一九七八年に、それまで発表されたモビング仮説を検討し、総説を発表しました。[3] モビングについてどんな仮説があるか、キュリオの論文をもとにみていきましょう。

一、**ヒナを黙らせる**　最初の仮説は、モビングの声が巣の中のヒナや巣立ちビナを黙らせるためにあるというものです。[4] もし捕食者がヒナの鳴き声を頼りに巣を見つけているのなら、これは確かにありそうなことです。事実、腹をすかせた大きなヒナのいるシジュウカラの巣ではヒナの鳴き声がうるさいために、捕食にあう危険が高いことがわかっています。[5] しかし、モビングは巣にヒナがいようがいまいが、繁殖の季節にかかわらず行われますし、その近くに巣のない他種が参加していることもあります。この説ではモビング行動のすべてを説明できません。

二、**利己的な群れ**　第二は、群れの防衛効果の章でも書きましたが、ハミルトンの唱えた「〝利己的な群れ〟仮説」です。つまり、最初にモビングの声（モビング・コール）を発する個体は、それによって自分のまわりに仲間をひきつけて、「隠れみの」にするのだという説です。しかし、これはひきつけられる個体にとっては、マイナス以外の何ものでもありません。ということは、引き寄せられるだけのこういう行動は進化しないということです。

またモビングをされている捕食者というのは、すぐにでも攻撃を仕掛けてくる態勢にはなく、ふつうは静かにとまっているだけです。モビングなどしたら、かえって捕食者をイライラさせて、攻撃を誘発させるかもしれません。捕食者は真剣に反撃することはめったにありませんが、〝虫の居所〟が悪い場合には、逆襲を受けてモビングしていた群れの一羽が捕まってしまうこともあります。このリスクについては、そんなに大きなものでないという人もありますが[6]、キュリオとリーゲルマンの論文を読むかぎりでは[7]、モビングはけっして安全な行動ではありません。小鳥たちはモビングなどせず、黙って静かに隠れていた方がよいと思われます。

三、**捕食者を混乱させる**　第三の仮説は、捕食者に対する「惑乱効果」です。モビングしている鳥たちは、ここと思えばまたあちらと、五条の橋の牛若丸のように、みな一様に声を出して捕食者のまわりを飛び回ります。かれらはこうして捕食者を混乱させているのだという説です[8]。しかし本当に捕食者が混乱しているかどうかを、研究者が確かめる術（すべ）がありません。また何種かの鳥がモビングに参加した場合、捕食者にとって、かえって的が絞りやすくなるのではないかという説もあります。とにかく前の説と同じで、なぜわざわざモビングをしなければならないかが、ここからは出てきません。

四、**捕食者を追い払う**　第四の仮説は、モビングによって捕食者をそこから追い払うことができるのではないかという説です。アンダーソンは、シェトランド島の海鳥のコロニーでモビングをするミツユビカモメの個体数が多ければ多いほど、トウゾクカモメを効果的に退散させることができることを示しました（第6章参照）。ミツユビカモメとトウゾクカモメには、身体の大きさに小鳥とフクロウほどの差はありません。直接の身体的な攻撃を伴わないとしても、トウゾクカモメに対する威圧効果は相当なものでしょう。この説を小鳥のモビング効果に当てはめるには疑問が残ります。

五、**出鼻をくじく**　第五の説は、捕食者に襲われるより先にこちらから見つけて先制攻撃をかければ、捕食者の出鼻をくじく効果があるのではないかという説です。ヒョウやトラなどの肉食獣は獲物に見つかって騒がれてしまえば、もうその攻撃をあきらめてしまいます。攻撃は不意打ちであってこそ成功するのです。

この場合、出鼻をくじかれた捕食者はその場を去るでしょうから、結果としての捕食者の行動については第四の仮説の状況と区別がつきません。第四の仮説と異なるのは、捕食者はその場所に来れば「追い払われる」または「まとわりつかれて、うっとうしい」ということを学習してそこへ来なくなるのに対し、この第五の仮説では獲物に気づかれたのは「運が悪かっただけ」と思って、また戻ってくるかもしれないことです。

ところでこの効果は、フクロウなどの夜の捕食者に対しては、昼間の捕食者に対するほどの効果はありません。なぜならフクロウが狩りをするのは夜ですから、昼間モビングされたとしても痛くもかゆくもないわけです。もし小鳥たちが自分たちを狙うフクロウの意気をそぐつもりなら、フクロウが狩りをする夜にモビングした方が効果的です。とはいっても、夜にモビングできる鳥はいません。

六、**血縁選択説**　これまでの仮説と対立するものではありませんが、第六の仮説は、最初に捕食者を発見した個体がモビングの声を発することによって血縁の近い仲間に危険を知らせるのだという、警戒声に関する血縁選択説と似た説です。この仮説が成り立つためには、その群れのメンバーの多くが近縁者で構成されていなければなりません。しかし実際には、モビングを行う群れは血縁関係にある個体からばかり構成されているわけではありません。むしろ、動物の分散の一般的傾向からいって、まわりで営巣する個体は非血縁者であることが多いと思われます。

さらにモビングに参加している鳥たちが、同種であるとも限りません。カラ類などは同種・異種を問わず、混群をつくってモビングします。前の章で、警戒声が種を問わず効果

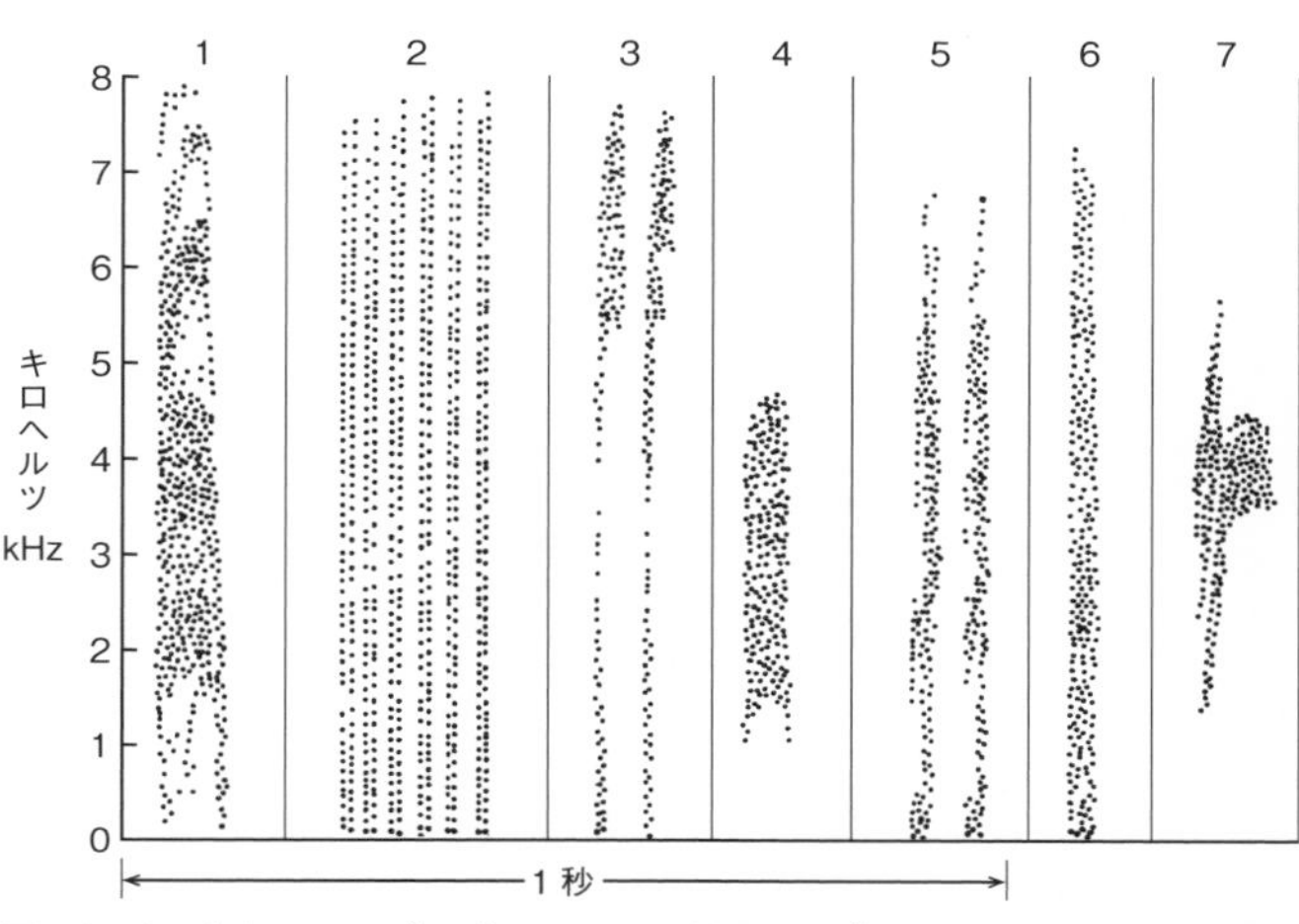

図 10・3　鳥たちのモビング・コールは種を問わずよく似ている（Marler[9]）．1: クロウタドリ，2: ヤドリギツグミ，3: ロビン，4: ミソサザイ，5: ノビタキ，6: ズアオアトリ

をあらわすことを述べましたが、モビング・コールも種を問わず、驚くほどよく似ているのです[9]（図10・3）。そして、ある種の鳥がモビングを始めると、まわりにいる他種も同じように集まってきます。こうした状況には、血縁選択説はまったく当てはまりません。

七、**スーパーマン仮説**　七番目の説は、モビングはその捕食者より強い捕食者をよんで、そのときにモビングの対象になっている敵を追い払ってもらうのではないかという説です。たとえば、状況証拠ですが、小鳥たちがモリフクロウにモビングしているときにオオタカがやってきて、そのモリフクロウを殺したのではないか（？）という例が知られています。危険が迫ったら〝スーパーマン〟をよんで助けてもらうわけです。けれど、来てくれたのが正義の味方ならいいのですが、悪者の仲間にやってこられては大変です。事実、ヒメドリがアメリカチョウゲンボウにモビングしていたところ、もう一羽のアメリカチョウゲンボウを呼び寄せてしまった例が知られていますので、この仮説はいまいち説得力がないようです。

八、**文化伝達説**　八番目の説は「文化伝達」説です。まわりの鳥がモビングすることによって、経験の少ない（若い）鳥はどんな動物が危険かを知ることができるというわけです。ローレンツは『ソロモンの指輪』の中で、親がモビングすることによって、若いコクマルガラスは何が危険な動物か、認識することができると述べています。

　クルークの研究によると、ユリカモメはコロニーにやってきたキツネやアナグマに対してモビングします。このとき、まだ仲間がやられていないときは集まる数も少なく、捕食者のまわりの

図 10・4　Curio らの実験[11]．クロウタドリを互いの姿は見えるが、各自が何を見ているかはわからないようにし，一方にはまったく無害なオーストラリアのズグロハゲミツスイの剝製を，もう一方にはクロウタドリの捕食者であるキンメフクロウの剝製を見せる

地上に降りたりすることもありますが、もしユリカモメの死体とともにいる捕食者を発見したときはモビングも激しく、けっしてまわりの地面に降りません。そしてそれ以降、仲間を殺した〝危険な〟捕食者に対しては、仲間の死体があったときと同様の激しいモビングをすることから、この場合のモビングは、何が本当に危険な捕食者なのかを仲間に知らせ、確認し合う意味をもっていると考えられています[10]。

キュリオらは、文化伝達に関する巧妙な実験を行いました[11]。それは、二羽のクロウタドリの一方にはまったく無害なオーストラリアのミツスイの剝製を、もう一方にはクロウタドリの捕食者であるキンメフクロウの剝製を見せ、警戒声で情報伝達が行われるかを調べる実験です（図10・4）。

クロウタドリはミツスイの剝製にはまったく驚きません。しかし、キンメフクロウには激しくモビング・コールを発して騒ぎ立てます。そこで互いに何を見ているかわからないようにした装置で、二羽のクロウタドリの一方にミツスイを、一方にキンメフクロウを見せます。すると、無害なミツスイだけしか見えなくても、横で激しく警戒声を発する仲間を見た鳥は、その後ミツスイを見せただけでも、それに対してモビング・コールを発して騒ぐようになったのです。シンプルですが、説得力のあるいい実験です。

九、危険な場所を知らせる　九番目そして最後の仮説は、前の説の変形ですが、モビングによって鳥たちはそこが危険な場所であることを伝えようとしているというものです。もし捕食者に定住性があり、その場所に頻繁に戻ってくるのなら、場所を伝え合うことは大きな意味があります。

これらの仮説のどれが正しいのでしょう。キュリオ自身は別の論文では文化伝達説に好意的です。しかし、モビングをする種、される種が変わればモビングの意味も変わるかもしれません。その場の状況や季節、群れの血縁度や齢構成、捕食者の空腹度や生理的状態など、モビング行動にはいろいろな要因が関わっています。またモビング行動に対する解釈を複雑にしているのは、観察者によってどの範囲までをモビングに含めるのかが一定していないことです。全体として、大勢の鳥たちが捕食者のまわりへ集まって騒いでいればモビングとする最大公約数的な傾向があるようですが、モビングの意味を考える前にモビングとは何かをはっきりさせておきましょう。

本当にモビング?

琉球大学の院生だった原戸鉄二郎さんは大学の構内に営巣するリュウキュウツバメの〝モビング〟を記録しています。[12] それによると、対象となった動物はツミ、イソヒヨドリ、キジバト、ドバト、そしてヒトやイヌも含まれており、八羽もの個体がこのモビングに参加していることもありました。ところでツミはわかりますが、何の害もないイソヒヨドリやキジバトにモビングして何になるのでしょう。大きな鳥になら何にでもモビングするのでしょうか。じつはこれらの〝モビング〟は巣の近くへやってきた動物が対象となったもので、本来のモビングというよりは巣の（共同）防衛行動ではないかと思われるのです。

私もセッカを観察していたとき、とくにヒナのいる巣に近づくと、メスが「フィッフィッフィ」という警戒声を発しながら、頭上近くの翼が風を打つバッバッという音が聞こえるところまできて、〝モビング〟されることがありました。すると、そこのなわばりオスがすぐにやってきて、「チャッチャッ」と急降下してきます。しかし、これはどうもメスが急に現れたので、メスに対して求愛しようと慌ててやってきたといった感じです。セッカは一夫多妻で、なわばり内にやってきたメスも既婚メスも区別せずに求愛行動を行います。

またオオヨシキリでも、巣に近づいた人間に対して、メスとオスが「ゲエー、ゲエー」と鳴いてまわりのヨシの間を飛び交い、モビング的な行動を行います。もしこれが狭い地域に何個もの巣をつくる鳥ならば、まわりの親鳥も防衛に加わってモビング的な状況が出現するでしょう。畑のケリの巣に近づいたときには、近隣の親鳥が集まってきて、「キリキリッ」と鳴きながら急降下してきます。河原や埋立地のコアジサシのコロニーに近づいて、何十羽もの親鳥からフンを落とされた方もあると思います。これらもたしかに〝モビング的な行動〟ですが、どちらかというと巣の共同防衛行動といった方がよいでしょう。

もう一度前に戻りますが、原戸さんはツミが一羽の仲間をつかんで逃げて行くのを、リュウキュウツバメが群れをなして追いかけ、その群れから次々と飛び出してはツミの背面へ攻撃をかけている様子を観察しています。また動物雑誌『アニマ』（一九七七年一月号）に、写真家の嶋田忠さんが、ヒナをくわえて海の上を飛んで逃げるハシボソガラスを、三羽のハクセキレイが追いかけている写真を発表しています[13]。これらはかなりモビング的な行動でしょう。

けれど、いくらセキレイがカラスを追いかけても、ヒナを取り戻せるものではありませんし、リュウキュウツバメについても同様です。これらはまったく「無駄な抵抗」にみえます。かれらがなぜ、こんなことをするのでしょうか。

ハクセキレイの場合について、同じ本で内田康夫さんは、「カラス（またはツミ）の側からいえば、このように近隣の個体が大勢、集まってきて追跡される場合を考えると、いくら小さいハクセキレイといえども、それなりの心理的圧迫を受けるはずだ」と述べています[14]。もしこれがまったく追跡されないとしたら、捕食者はその場所を〝快適な〟採食地として、また犠牲になった種を御しやすい相手として学習してしまい、またやってくるでしょう。この心理的圧迫が強ければ、次にはもうその場所にはやってこないかもしれません。ですから、繁殖をやり直そうとする親鳥にとっても、モビングに参加することは意味があるのでしょう。私も内田さんの意見に賛成です。

大きな鳥によるモビング類似の行動では、捕食者が傷ついたり、ときには殺されたりする例もあります。ここまでくると、もはやモビングとはいえないような気がします。こうした例では〝モビング〟に参加する個体の利益は明らかですから、キュリオもこれらの例をモビングの論議に含めていません。(3) また、トビには同業のカラスがよくモビングしますが、これもモビングというより同じ資源を争う種間のなわばり防衛的な、本当の攻撃行動かもしれません。

これまで発表された多くの論文では、こうした例も含めて、巣の共同防衛や共同攻撃行動もすべてモビングとされていることが多いようです。けれど実際のモビングは、潜在的捕食者に対してではあるけれども、そのときは相手に直接の攻撃を加えることはありません。もう少し詳しく、モビングが行われる状況をみてみましょう。

安全な相手と危険な相手を見分ける

ユリカモメは多くの捕食者に対してモビングをしますが、鳥専門のきわだったハンターであるハヤブサに対してはモビングを行いません。多くの鳥は、本当に危険な相手にはモビングをするにしても一定の距離を置くようです。

モビングする側は、その相手が同じ捕食者であっても、自分たちにとって危険な状況にあるかどうかを見分けています。そして、しかるべき相手と状況下でのみモビングを行います。たとえば、「ハンディキャップ理論」で有名なザハビさんが話していましたが、イスラエルにすむアラビアチメドリはある種のヘビに対して、そのヘビが若くて小さいときはモビングすると同時に攻撃も仕掛け、ときにはつつき殺して食べてしまうこともありますが、大人のヘビにはモビングのみで、けっして攻撃は仕掛けないそうです。それは、大人のヘビはしばしばアラビアチメドリの捕食者になることがあるからです。

チョウゲンボウはネズミや昆虫をおもに捕らえ、めったに小鳥を捕らないので、モビングを受けることは少ないようです。長野の四阿(あずまや)山麓の牧草地にはチョウゲンボウがよく飛んできますが、近くにいるツバメ、イワツバメ、アマツバメたちはモビングを仕掛けることはありません。先のリュウキュウツバメの場合でも、チョウゲンボウが非繁殖期に現れたときには、モビングの対象とならなかったといいます。

しかし同じような環境でも、那須の牧場はツバメの繁殖の中心地で、ツバメの若鳥がヒラヒラ飛んではチョウゲンボウに捕まります。そこで、チョウゲンボウの姿が現れると、何百というツバメが飛び立ってモビングを仕掛けるそうです。ハヤブサは、いつ、いかなるところでもモビングの対象になります。一方、ヒキガエルやヘビをおもに捕っているノスリはほとんど無視され、トビに小鳥がモビングを仕掛けることはありません。(14)

タカの若者はこわいもの知らず——攻撃か遊びか

モビングは小鳥がタカなどの捕食者に対して一方的に騒ぎ立てるというのが一般的なパターンですが、中型の鳥たちがタカと追いつ追われつしているという〝モビング類似〟の場面がときどきみられます。タカの方も、とくに真剣に鳥を捕まえようとしているわけではないようにみえます。これもモビングなのでしょうか。こうした追跡を観察した多くの研究者は遊びではないかといっていますが、本当のところ、その意味は何なのでしょう。

フェルビークは、北米でいろいろな猛禽が、こうした状況下で鳥を追ったり、モビングされていた例を集め、それがどんな状況でひき起こされるのかを検討してみました[15]。追いつ追われつの追いかけ合いをしていたタカはアシボソハイタカ、ハイタカ、クーパーハイタカ、オオタカ、ハヤブサの五種。対象となった種はアメリカヤマセミ、カササギ、キバシカササギ、ヒメコバシガラス、ハシボソガラスなど比較的大きな鳥たちでした。また、フェルビークは各種のタカが食物にしている種と、「本気でない」追跡をしている種を比較対照してみました。たとえばアシボソハイタカの場合、「本気でない」追跡をアメリカヤマセミ、エボシクマゲラ、ハシボソキツツキ、アメリカガラス、ヒメコバシガラス、カササギ、キバシカササギ、ステラーカケスなどに対して行っていましたが、アシボソハイタカの食物を分析をしてみると、食物にはキツツキ科の鳥もカラス科の鳥もまったく含まれていませんでした。体重を調べると、アシボソハイタカはオスが一〇〇グラム、メスで一七〇グラムしかないのに、エボシクマゲラで三〇〇グラム、カラス類にいたっては四〇〇グラム以上と、アシボソハイタカにとっては捕らえられないことはないけれども、自分よりかなり大きな鳥でした。

これらの記録をさらに調べてみると、こうした追跡を行っているのは、そのほとんどが幼鳥や亜成鳥のタカであることがわかってきました。狩りの下手な幼鳥は例外なく腹をすかしています。空腹なら遊びで鳥を追いかける余裕はないはずです。だから、この行動はけっして遊びではないとフェルビークは主張します。では、なぜかれらはもっと捕りやすい小さな獲物を狙わないのでしょう。フェルビークは、若いタカはまだ狩りに経験が少なく、しかも腹が減っているので、獲物とするには大きすぎる鳥を追いかけてしまうのではないかといいます。そして、いったんは逃げた鳥も、タカが若く、たいしてこわくないとわかったら、今度は安心して逆襲に転じ、その結果、一見〝追いつ追われつ〟といった場面が生じるというわけです。腹をすかせたタカの若者はこわいもの知らずで、相手構わずケンカをふっかけているのかもしれません。

モビングの行動学的側面

モビングの適応的意味についてはまだまだ議論が出てくると思います。けれどその至近要因、つまり小鳥たちが捕食者を見つけたときに、モビング行動がどのように発現するかについては一定の法則性がみえてきました。

まず、相手がその鳥たちにとってまったく脅威でない種類、たとえばトビやノスリならば無視で

図 10・5　ハシボソガラスにモビングするオナガ

す。ついで、相手が捕食者だけれども、十分な行動力のある大人の鳥にとっては恐るるに足りない場合、また相手が逃げ出した場合、モビングは容易に攻撃に転じます。ハクセキレイのヒナを盗んだハシボソガラスや、ツミに対するイソヒヨドリの追跡行動がこれにあたるでしょう。第三段階は、フクロウに対するカラ類のモビングのような場合です。カラ類は小さく、夜にはおそらくやすやすとフクロウに捕らえられてしまうでしょう。けれど昼間なら、フクロウの行動力も鈍く、少しぐらい近寄っても捕まる心配はありません。とはいっても、小鳥たちにはやはりフクロウは恐るべき相手。面と向かうとすくんでしまうのでしょう。そこで、攻撃しなければという衝動と、逃げたいという衝動の一つの葛藤行動として、モビング行動が発現するのではないでしょうか。

捕食者のまわりで発せられる独得のモビング・

コールや決まりきった飛翔パターンは、この葛藤の現れとみることができます。本来のモビングとは、この段階の行動をいうのでしょう。そして第四段階、相手がハヤブサのようにまったく太刀打ちできそうもない種、つまりうっかり近づいたら途端にやられてしまう危険のある相手（またはそうした状況にある相手、エサを探している空腹なタカなど）には、はじめからモビングなどしないで隠れてしまうのです。鳥たちは、自分を狙う捕食者の危険性をかなり的確に判断できると思われます。先の猛禽類と中型鳥の〝追いかけ合い〟も、狙われた鳥は最初はびっくりして逃げますが、相手がまだ若くて恐るるに足りないということがわかれば反撃に転じるのでしょう。この場合、モビングという第三段階を中心に、逃避と攻撃が繰返されていると考えられます。

鳥たちも招かれざる客にはなるべく早く退散してほしいのです。ですから、たとえそれがこわい捕食者でも、隙さえあれば攻撃を仕掛けようとする傾向をもっていると考えられます。そこで相手が逃げてくれればいいのですが、昼間のフクロウのようにあまり逃げる気のない相手では、その場で一種の膠着状態が生まれるのです。モビングは何も特別な、独立した行動様式ではなく、鳥たちが捕食者を攻撃しようとする行動連鎖の一断面です。言い換えれば、モビングとは攻撃と逃避の間にある、敵の出方次第で変化する行動様式といえるでしょう。

北海道の東部、冬は雪と氷に覆われる海岸線ですが、ここには冬になるとカムチャツカ半島からオオワシやオジロワシが越冬にやってきます。私の大学時代の同級生の中田千佳夫さんは中標津に住む鳥好きの獣医さんで、野付半島にやってくる鳥たちのすばらしい写真をたくさん撮っています。

彼の写真に、飛んでいるオジロワシをハシブトガラスがペア（おそらく）で追い立てている写真があります（図10・6上）。カラス類とオジロワシなどの海ワシ類は魚をめぐって一つの生態的地位を争う関係にあります。直接的な争いではワシが強いでしょうが、集団でワシを攻撃すれば、エサを取り上げることは可能です。一見、モビング的に見えるこうした状況はモビングとはいえないと思います。

図 10・6　オジロワシを追いかけるハシブトガラスのペア(a)，まとわりつくカラス(b)．撮影：中田千佳夫

もう一枚の写真は、エサを食べているオジロワシを大勢のカラスたち（ハシブトもハシボソもいます）が取り囲んでいるところです（図10・6下）。カラスたちが、オジロワシの食べている魚を狙って、まとわりついているのです。これはモビングの一つの側面をよく表しています。おそらくこの状況では、オジロワシはカラスたちにとって何ら危険はありません。カラスたちはこのようにチャンスがあれば、より優秀なコソ

泥になるために、自分がエサ（魚）をくすねる相手であるオジロワシの反応パターンを〝勉強〟しているのではないでしょうか。

ツバメについて、血縁とモビングの問題を扱った研究があります。ニューヨーク州立大学のシールズは、繁殖期のさまざまな段階にあるツバメの巣にアメリカオオコノハズクの剝製と（捕食者としての）観察者を提示して、その反応を調べてみました。それによると、ツバメが示す反応の型には二つのタイプがみられました。一つは鳴き声をあげながら対象のごく近くまで近寄り、ときには対象を直接攻撃するという積極的なもの。もう一つは、対象との間に二メートル以上の距離を置き、鳴き声をあげずに飛び回るという消極的なものです[16]。

ツバメたちが積極的なモビングを行ったのは、自分の巣、またはヒナがターゲットになった両親に限られていました。ツバメは自分のコロニーの他の巣が攻撃されようとしていても、遠くから見ているか、あるいは消極的なモビングを示すだけだったといいます。さらに、自分の巣が狙われて、積極的にモビングをしていた個体も、捕食者が他の巣へ向くと、途端に攻撃をやめたり、消極的になったりしました。これは、モビングがけっして利他的な行為でも何でもないことを示しています。一方、消極的なモビングの方は、繁殖サイクルの違いにかかわらず一定でした。このことから、彼は積極的なモビングは自分のヒナのみを守る行動で、消極的なモビングは自分だけを守る行動である、と定義づけています。

11 群れの中にも不平等

11章の扉絵 ミヤマガラスの順位制

コンラート・ローレンツはコクマルガラスを飼育して，集団内に順位が形成されることを発見した．この絵のカラスはミヤマガラスだが，知能の高いカラス類は集団の全個体を識別して，群れ内での自分の地位を認識できると思われる．

前の章までは、群れ全体としての利益・不利益を考えてきました。しかし、群れは等質の個体からのみ構成されているわけではありません。人間にも男と女があり（ＬＧＢＴＱの人もいます）、若者と老人がいて、裕福な人とそうでない人がいるように、鳥たちの社会も年齢、性別、能力の異なったさまざまな個体から構成されています。当然、そこには個体ごとに異なった利害があります。各個体の利害が一致すれば問題はないのですが、一致しなければ争いが起こるかもしれません。

けれど野外で鳥の群れを見ていても、かれらはそうしょっちゅうケンカばかりしているわけではありません。群れ内では争いはめったに起こりません。たとえば北米にすむウタスズメの冬の群れでは、給餌台で一羽が採食しているときに別の一羽がやってくると、その九〇％では先にいた個体が飛び去って席を譲り、九％が少し横（約一メートル）へどき、ケンカに発展したのはわずか一％だけでした[1]。

ウタスズメたちは、相手に攻撃されないうちに逃げるか、攻撃されても抵抗せずに逃げ出すことによって、無用な争いを避けているようにみえます。劣位の個体が自分より優位の個体を識別しているのでしょうか。群れの中に、もしこうした個体間の序列があるのならそれを順位、それによって群れが統合されているのならそのしくみを順位制といいます。

つつきの順位──かわいそうなシンデレラ

順位制の発見は、一九二二年にさかのぼります。ドイツのシェルデラップ＝エッベは、ニワトリの群れを観察していました。するとそのなかに、すべての仲間をつつく最も強い個体（独裁者）から、すべてにつつかれる最も弱い個体（エッベはこれをシンデレラとよびました）までの間に、きちんとした序列があることに気がつきました[2]（図11・1）。

このニワトリやニホンザルのように、群れの個体間で順位が直線的に決まっていて、下位のものは上位のものに絶対勝てない場合もありますが、そうでなく上位と下位の差が勝つ頻度の多い少ないの差で決まっていて、上位のものが常に勝つとは限らないときもあります。注意しなければならないのは、個体間の一見順位的な関係が、単に個体の力や能力の差を表しているだけなのかもしれないことです。順位は、その場その場での個体を取巻く状況によって決まっているのかもしれません。

つまりエサが目の前にあるとき、空腹の度合が強い劣位個体があまり空腹でない優位個体に勝つというような場面です。エサをめぐって、優位の個体がその優位性を示すがためにエサを劣位に譲ることもあります。このように、強いものが常に勝たなくても、順位が群れのメンバーによって認識されており、ある場面では優位の個体が勝ちを譲るシステムが機能している場合は、その群れに順位制があるといっていいでしょう。

誰が優位？

野外の鳥の群れでは、順位が高いのはどんな個体なのでしょう。まず、大きい個体の方が力も強く、順位が高いだろうということは容易に想像できます。鳥たちの群れでは、一般にメスよりもオ

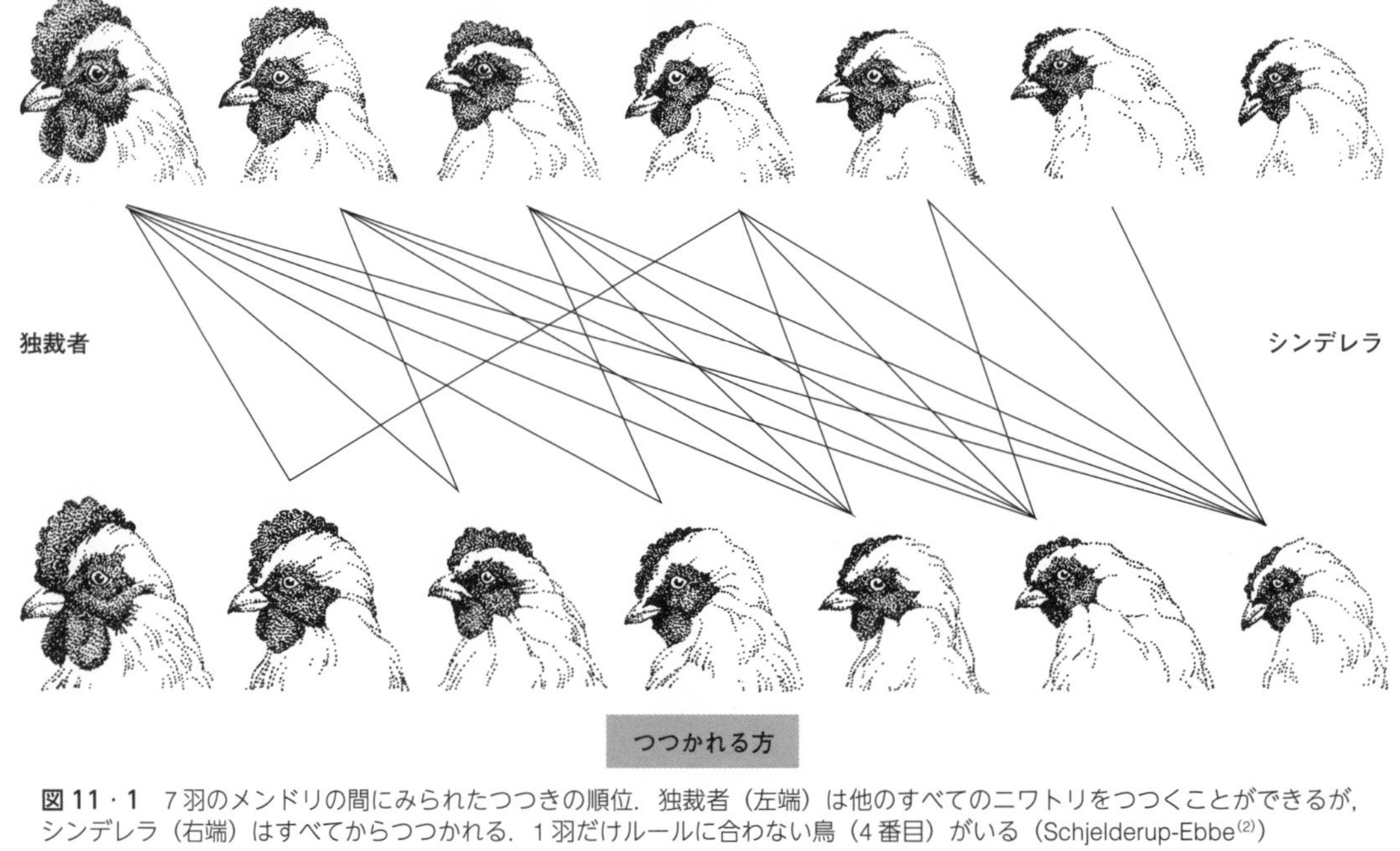

図11・1 7羽のメンドリの間にみられたつつきの順位．独裁者（左端）は他のすべてのニワトリをつつくことができるが，シンデレラ（右端）はすべてからつつかれる．1羽だけルールに合わない鳥（4番目）がいる（Schjelderup-Ebbe[2]）

スの方が、若い個体より年をとった個体の方が、順位が高い傾向にあります。

ノルウェーのホグスタッドは、コガラの冬の群れの順位を研究しました。コガラたちは冬、両親と巣立った若鳥たちが家族群を形成して行動します。ホグスタッドは、両親と息子二羽、娘二羽の計六羽からなる群れを六群選び、この研究を行いました。このコガラたちの冬の群れでは、全個体を込みにすると、順位には翼長や性別や体重が強く影響していることがわかりました[3]（表11・1）。しかしよりくわしく分析してみると、例外なくオスの方がメスよりも、成鳥の方が若鳥よりも順位が高いという傾向がみられました。つまり父親＞息子＞母親＞娘という直線的な順位関係が存在し、それが表のような相関関係を生じているのです。

土地への定住性も重要です。アメリカコガラの冬の群れでは、もともとその地域に留鳥としてとどまっているペアの方が越冬群よりも順位が高いこと、そして留鳥の中で高位個体の方が春によい

表 11・1 コガラの冬の群れにおける順位とそれに影響する要因（Hogstad[3]）．数字は相関係数

	体 重	年 齢	性	順 位
翼 長	0.69	0.30	0.90	0.91
体 重	——	0.47	0.68	0.79
年 齢	——	——	0.08	0.43
性	——	——	——	0.88

図 11・2 冬のコガラ（日光戦場ヶ原にて）

繁殖なわばりを手に入れることなどが明らかになっています[4]。しかし、オーストラリアのハイムネメジロでは越冬に来る鳥たちの方が留鳥のメジロよりも順位が高く、アメリカコガラのような〝先住効果〟は意味をもちません[5]。

優位な鳥は何が得?

長年にわたって、オーストラリアのサンゴ礁の小島にすむハイムネメジロ個体群を調べたクイーンズランド大学の橘川次郎さんによると、冬の間の順位が各個体の生存率に大きく影響するそうです[6]。優位な個体は冬の間の体重の減少が少なく、生存率も高いのです(図11・3)。この場合、群れの中で高順位になるのは、繁殖期のはじめの頃に巣立った個体です。

順位は、冬の群れでとくにはっきり現れます。それは、冬が鳥たちにとって、厳しい生活条件の季節であることと、そのすぐ後に春の繁殖期を控えているからです。冬の順位が春からの繁殖にとって重要なことは、いくつかの鳥で示されています。たとえば先のウタスズメでは、一歳鳥はふつう春になわばりをもてませんが、冬の間に若鳥の間で順位ができており、成鳥がいなくなったときに空いた

図11・3 ハイムネメジロの順位による年生存率(翌年まで生き残る確率)の差.優位のものほど生存率は高い(橘川[6])

なわばりを埋めるのは、もっとも順位の高い若鳥であることがわかっています。順位は、単にその日その日の生活のためであるというよりは、将来、繁殖地位が得られるかどうかに密接に関わっているのです。

順位の効果は、それだけにはとどまりません。ヘフナーは飼育下のアオガラを用いて次のような研究を行いました。[7] 彼は採食中のアオガラの群れの上にハイタカの模型を飛ばせてみて、その後、どの個体が一番先にエサ場に戻るかを記録しました。すると、最初にエサ場に戻ったのはもっとも劣位の個体で、優位の鳥はなかなかエサ場に降りませんでした。優位な鳥は、劣位の鳥がエサ場に降りて安全なのを確かめてから、エサ場に行くのです。なぜなら、優位な鳥は後から行っても、前に降りていた鳥を追い払ってエサを独り占めすることができるからなのです。

上に立つのも楽じゃない

こうしてみると優位な鳥の方が明らかに得をしているようです。しかし橘川さんが飼育下で調べたところ、優位の鳥も劣位の鳥と同じぐらいストレスが強いらしいのです。橘川さんは飼育下のハイムネメジロに一日一時間だけ自由にエサを与え、それ以外の時間にはエサを与えずに群れ内の順位を研究しました。なぜ一時間だけにしたかというと、時間をかければ優位の鳥が満腹したあとで、劣位の鳥も十分エサが取れ、順位と体重の関係がはっきり表れないからです。すると、最下位の鳥で体重の大きな減少がみられましたが、同時に、優位で最も攻撃的な二羽も、中間の地位の鳥たちに比べ、体重はあまり増加しませんでした[8]（図11・4）。それは、優位の鳥は劣位の鳥を追っ払うのに忙しくて、自分自身が十分にエサを食べられなかったからなのです。

ホグスタッドの研究したコガラの冬の群れの中では、優位な個体ほど酸素消費量が高い（つまりそれだけ活動量が多い）という実験結果があります。コガラの冬の群れではもっとも優位なのは父親です。コガラの家族でもお父さんが一番働いているのです。日本の企業では中間管理職のストレスが激増しているといわれています。とくに課長・係長さんあたりは、上役の機嫌は伺わなくてはならないし、かといって部下は思うように動いてくれないし、なかなか大変だという話です。一方、鳥の世界では中間管理職（？）が、案外、気楽なのかもしれません。

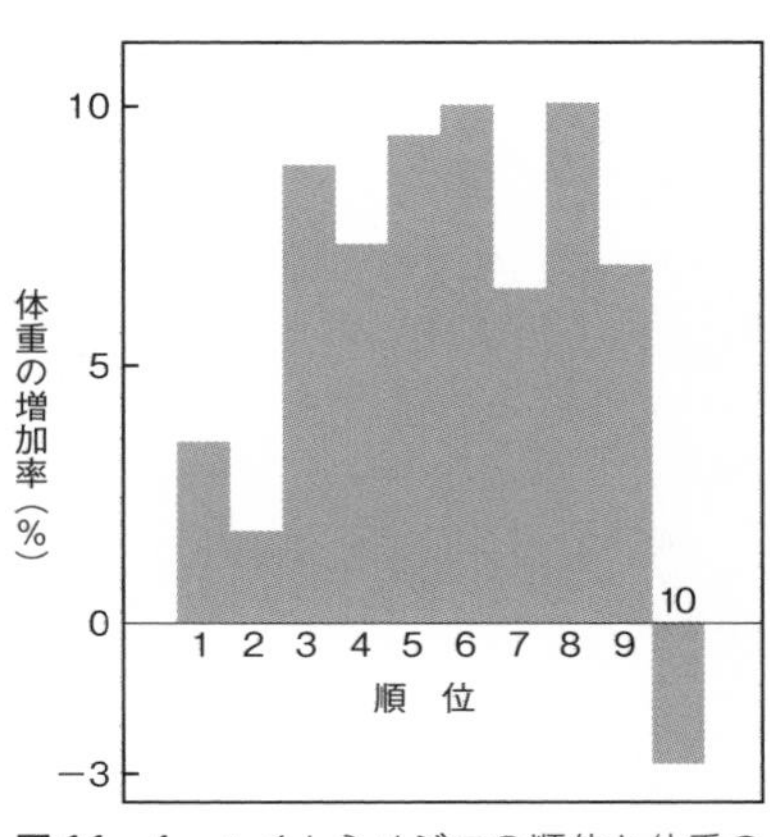

図11・4　ハイムネメジロの順位と体重の増加率の関係．最劣位の個体（右端）では体重は減少したが，優位の個体（左の2羽）でも体重の増加率は中間のものに比べて著しく低い．優位な鳥は他個体を追い払うのに忙しく，ゆっくりエサを取れないらしい（橘川[8]）

武士は食わねど高楊枝（たかようじ）

優位な個体が特別に〝しんどい〟のは、協同繁殖を行う鳥（ヘルパーをもつ鳥）でよく調べられています。イスラエルのザハビは、アラビアチメドリという半砂漠地帯にすむ鳥の研究を行いました。この鳥はちょうど日本のヒヨドリぐらいの大きさで、地上性が強く、一年中二〜七羽の群れで生活しています。繁殖するのは最優位のペアだけですが、群れの他のメンバーがヒナにエサをやったり、巣を防衛したりして繁殖を手伝います。

このアラビアチメドリで、ザハビは、群れの中で最優位の個体は群れの他のメンバーが採食している間も木の上で外敵を見張らなければならず、ときには群れのメンバーにエサを振るまってやらねばならないことを発見しました。一方、若いオスが成鳥にエサを与えようとすれば、とたんにケンカが起こります。劣位の鳥が優位の鳥におごろうとしても、優位の鳥は絶対に受け取らないそうです。[9]「武士は食わねど高楊枝」、優位な鳥はプライドが高いのです。

夫の威を借る妻とモテない強いメス

メスの順位にまつわるお話をもう一つ。アメリカコガラや近縁のカロライナコガラでは、つがいになった場合、ニホンザルで知られているように、メスの順位が相手のオスの順位によって上がる現象が知られています。[4] つまり優位なオスとつがったメスは、他個体と争っても、オスの後楯をあてにできるので、相手に対して強く出ることができるわけです。

けれどメスが優位であることが、必ずしも得にならない場合があります。それは、順位の高いメスにはオスが寄りつかないことがあるのです。たとえばニワトリでは、順位の高いメスは劣位メスよりも求愛される回数が少ないという結果が出ています。[10]

私などはフェミニストですので、どちらかといえばしっかりしていて、自分の意見をはっきりもった、気の強い女の人が好きです。しかし鳥の世界も含め、動物の世界では〝女らしさ〟が受けるような気がします。たとえオス的なメスがいたとしても、その個体はメスとして認知してもらえない場面が多くあるのです。この意味で〝女らしさ〟というのは一つの生物学的基盤をもっているようです。

こう言ったからといって、何も女性差別の根拠を与えようと思っているわけではありません。今の世の中で〝女らしさ〟という言葉は、〝男らしさ〟という言葉と同じく、保守的な男尊女卑社会を反映したジェンダー差別に基づく場面設定が考えられます。女らしさ、男らしさ、どちらの言葉にしても、単に男女の生物学的性差をいっているのではなく、社会的ジェンダーとして差別をするために使われるのです。

私たちは有性生殖をする生物であるかぎり、生物学的な性の制約を受けています。しかし人間社会では、もっともっと人間性によって裏打ちされた「らしさ」をもちたいと思います。人間の意識などというものは、その時代、その社会の価値観によって影響を受け、それに合った言葉がつくられるものなのですから。

外交にもランクが大切

外交の舞台では、互いに訪問し合うのにもなかなか気を使うことが多いようです。たとえば外務大臣が訪問したのに向こうは次官級しか出てこなかったというのでは、あとあと大変です。首相には首相、外相には外相、天皇には国王（?）というふうに、互いに厳しくランクづけが行われています。

鳥の社会ではどうでしょう。たとえば群れと群れが出会ったとき、互いに相手の群れのメンバーのランクを認識しているのでしょうか。この事実が確かめられている鳥は多くありませんが、その一つがニュージーランドにすむプケコ（セイケイ）です。この鳥は、湿地で二〜九羽の群れをつくって生活しています。群れの中ではだいたい直線的な順位があり、オスはメスより、成鳥は幼鳥より強いというのがはっきりしています。そして、群れの行動圏のほとんどをなわばりとして守り、なわばりの防衛にはほぼすべての個体が参加します[11]。

ところがここでおもしろいことに、群れの一羽一羽は隣の群れの一羽一羽を認識していて、なわばりの境界ゾーンで出会ったときに、相手によってとる距離を違えているのです。つまり、グループのメンバーは隣の群れ

図 11・5　セイケイの群れ内の順位は群れ同士でも認識されている．劣位の鳥は劣位の鳥同士，優位の鳥は優位の鳥同士でにらみ合う（Craig[11]）

の中で自分と同じくらいの順位にある鳥と、最も接近してにらみ合いをするのです（図11・5）。相手が（隣の群れの中で）自分より高順位の個体だと距離を置き、相手が自分より低順位の個体だと相手が距離を置いてくれます。そして、劣位の鳥は群れなわばりの境界線ギリギリまでは、優位の鳥と一緒でなければ出ていけません。群れ内のランクが他の群れとの関係に効いてくるというおもしろい例です。

ねぐらの中にも順位制

集団ねぐらの中にも順位があります。第2章では、ねぐらの意味としてエサに関する情報交換の機能を強調しました。しかし、どんな鳥のねぐらでも、利益だけを期待することができるとは限りません。それは、ねぐらがすべて同じ能力をもった等質の個体だけから構成されているとは限らないからです。たとえば情報センター仮説は、ねぐらのすべての個体が平等に、あるときはエサ探しに成功し、またあるときには失敗するという状況のもとで成立します。

コロニーには若い鳥も加わっています。若い鳥たちがエサ探しが下手なのは、鳥ではよく知られた事実です[12]。だとすると、その構成メンバーの間には、エサ探しの能力においてかなりの差異があると考えられます。ウェザーヘッドはグリーンウッドとともに、デコイ・トラップを使ってコロニーから飛来するハゴロモガラスを捕まえ、このようにして捕まった鳥たちはコロニーで捕らえた鳥よりも有意に若く、しかも栄養条件が悪いことを明らかにしました[13]。

東京都が大がかりな誘引トラップによりハシブトガラスの駆除を行ったとき、捕まるのは若い個体ばかりで、繁殖可能な年齢の高い個体はほとんど捕まらなかったという話を聞いたことがあります。こうしたデータは、エサ探しが上手でない若い鳥は自信がないので仲間のいるところに集まりたがる傾向があることを、間接的ながら示しています。

経験豊かな鳥たちは、他個体から情報を引き出さなくてもいつもエサにありつけ、若い鳥はいつも腹を減らして古参の鳥の後についていくというのが事実なら、古参の鳥にとってねぐらの意味は何なのでしょう。つまり、一人でもエサを取れる鳥がねぐらに戻るのはなぜか、ウェザーヘッドはこの点を考えたのです。

彼はこの説明に、ハミルトンの「利己的な集団」仮説をもってきました。つまり、エサ探しが上手な鳥は優位な鳥であり、優位な鳥はねぐらの中央を占めることによって、まわりの劣位の若い鳥を盾にして捕食者から身を守ろうとしているのではないかというのです。

劣位の鳥たちは、ねぐらの真ん中にいる優位の鳥に比べて捕食者に狙われる確率は高まるけれども、一人で寝るよりはましだし、とにかくエサ場に関する情報を得る利益の方が大きいので、コロニーに参加すると

表11・2 ねぐらにおけるミヤマガラスのとまり場所（Swingland[14]）．各個体につき50回のカウントを行った．AとFはつがい

	高い ← 順位 → 低い							
位置	A♂	B♀	C♀	D♀	E♂	F♀	G♂	H♀
高い	40	10	2	2	2	40	2	2
中間	8	30	14	10	10	8	2	4
低い	2	2	10	18	18	2	8	20
地面	0	8	24	10	10	0	38	24

いうわけです。たとえばミヤマガラスでは、年齢の高い優位な鳥は若い鳥よりも、ねぐらにおいて高い枝を占めることがわかっています[14]（表11・2、本章の扉絵参照）。

ウェザーヘッドは翌年、ハゴロモガラスについて、その年生まれの若鳥と1歳以上の成鳥が、ねぐらでどのように分布して眠っているかを調べました。すると、やはり成鳥はねぐらの中央部を占め、若い鳥たちはねぐらの周辺部に追いやられていることがわかりました[15]（表11・3、ただしこのデータについては年齢の見分けについて疑義を差し挟む人もいます[16]）。

しかし、高い位置はエネルギー的にはつねに好ましいとはいえません。吹きっさらしの高い場所は、それだけ夜に熱を奪われる率が高いからです。けれど、これらの順位の高い鳥が十分エサを食べてエネルギーを蓄積しているなら、寒さはそんなにこたえないでしょう。それより、低い位置にいて捕食者に狙われる方が大きな問題です。劣位の鳥たちは捕食者に狙われる可能性があることを知りつつも、エネルギーの蓄えが十分でないので、高い枝で夜を過ごせないのではないかとスウィングランドは推論しています。しかし、高い枝の方が中央部より捕食者に狙われやすいのではないのでしょうか？　結局のところ、中央部と高い枝どちらが有利かは定まっていないということかもしれません。

とまり場所には、捕食者からの狙われにくさ以外にもう一つの非対称性があります。それは鳥た

表11・3　ハゴロモガラスのねぐらにおける若鳥と成鳥の位置（Weatherhead[15]ら）

	成鳥	若鳥
中央	0.68	0.51
中間	0.19	0.14
端	0.13	0.35

ちが糞をしたとき、上の鳥の糞が下の鳥に降りかかるという点です。このありがたくない落し物は、羽毛が水を弾く能力を低下させ、寒い雨の日などには鳥たちの生存率にも影響するといいます[17]。もしこれがすべてのねぐらに当てはまるとしたら、低い場所にとまる鳥たちのコストは、捕食者に狙われる率の高さも含めて、相当大きなものになるはずです。劣位の鳥にとって、そんなにしてまでねぐらに参加する利点があるのだろうかと考えてしまいます。

順位制は誰に有利?

争いを避けるしくみの一つに順位制があると、多くの行動学の教科書には書かれています。しかしエサが少ししかない場合、争っても争わなくても劣位の鳥がエサにありつけないとしたら、順位制はかれらにとって無意味なものとなります。そうでなくても、劣位の個体はさまざまなストレスを受けています。シェルデラップ=エッベのニワトリの〝シンデレラ〟などはよい例で、トサカまで小さくなっています。順位制は優位な個体にとってのみ有利な制度のようにみえます。

ニワトリのように逃げ場のない囲いに入れられている場合はともかく、なぜ野生の鳥の群れで劣位の個体がその地位に甘んじているのでしょう。そんな群れはさっさとおさらばしてしまえばいいのにと思います。しかし、群れ生活をする多くの鳥の場合、群れを離れても空いたなわばりがなかったりして、一羽では生きていけません。転職をしたら、たいてい前より悪い労働条件に甘んじねばならない日本の社会のように、新しい群れを見つけて、それに加入を許されたとしても、前よりも低い順位に甘んじなければならないことが多いでしょう。

おそらく劣位の鳥は、自分の置かれた地位と順位を上げるための闘争のコストを考え、群れに留まることの利点と、群れから離れて一人で生きていくことの不利益を秤(はかり)にかけているのだと思われます。しかし最近の行動生態学の進歩は、エリマキシギのサテライト個体のように劣位の個体がただその地位に甘んじているだけではなく、むしろ積極的に別の〝戦略〟に基づいて、たくましく生きている例もあることを明らかにしつつあります。

12 鳥たちの寄合所帯

12章の扉絵 混群に参加する鳥たちの間にも利害関係が…

カラ類は秋から冬にかけて，混群をつくって林内を移動していく．しかし仲良さそうな混群のなかにも，争いや駆け引きが存在する．エナガを威嚇するシジュウカラは，エナガが見つけたエサを横取りしようとしているのかもしれない．

群れは同種の個体だけで構成されているわけではありません。冬、池や湖に集まるカモの群れや、春と秋、干潟に集まるシギ・チドリの群れなどは、ときに一〇種以上もの鳥たちから構成されています。しかしかれらは、各自がその種に合った場所で、適当に休憩したり、自分勝手にエサをあさったりしているだけです。もちろんハヤブサなどに襲われれば一緒に逃げますが、一羽一羽の鳥が、群れにおける自分の「位置」を常に〝意識して〟行動をしてはいないように思えます。ですから「カモの群れ」、「シギの群れ」とはいっても、「カモの混群」、「シギの混群」とはいいません。

これに対して、わたしたちが森や林でよく見かけるカラ類の群れは、各構成メンバー間に、かなり有機的なつながりがあるようにみえます。かれらは、シギやカモの群れのようにただ場所的に一緒にいるだけではなく、時間的・空間的にある一定の結びつきを保ちながら、林の中を移動していきます（図12・1）。そして、カモやシギの群れがどちらかというと平面的な静的な集合であるのに対し、カラ類の群れは三次元的な動的な集合です。

混群（mixed-species flock）とは、このカラ類の群れのような緊密な結びつきのある異種同士の群れのことを意味しています。緊密といっても漠然としているので、オーストラリアのベルは、混群を次のように定義しました。まず、少なくとも二種三羽以上の個体から構成されていること。次にすべてのメンバーが二五メートル以内にいること。そして、その群れは少なくとも五分間は維持される必要があること。最後に、同じ方向に三〇メートル以上進まねばならないこと、の四点です。[1] かなり窮屈（きゅうくつ）な定義ですが、カラ類の混群は十分この定義に当てはまっています。

図 12・1　カラ類の混群．ウグイスやコゲラが混じることもある

この章ではカラ類を中心に、こうした小鳥類の混群にスポットを当てて、そのもつ意味を考えていこうと思います。

カラたちの生活——植物園のカラたち

まず秋田大学の小笠原暠さんによる、東北大学の植物園におけるカラ類の混群のアウトラインを描いてみましょう。植物園ではシジュウカラとエナガだけが一年中生息し、冬期にコガラ、ヒガラ、ヤマガラがやってきます。けれど、かれらはいつも混群をつくっているわけではありません。四月にはエナガとシジュウカラはつがいで生活しており、まだ混群にはなりません。五月になると両種とも家族群がみられるようになり、六月から九月にかけてエナガとシジュウカラが混群をつくります。そして一〇月を過ぎるとコガラ、ヒガラ、ヤマガラなどがやってきて、混群に参加します。混群を構成する鳥の個体数は少ないときには四羽から五羽、多いときでは一〇〇羽以上になることもあります[2]。

一年間を通じての、キクイタダキを含む各種の群れ構成をみると、エナガがもっとも混群を〝つくりたがる〟傾向をもっており、すでに六月でその六割が、七月から九月にはほぼ一〇〇％がシジュウカラとの混群として観察されています。一方、シジュウカラは、エナガと混群はつくるものの、一一月になっても半分近くはシジュウカラ単独群です。コガラ、ヒガラ、キクイタダキも一〇、一一月は単独の種群でみられることが多く、一二、一月に「混群率」がピークを迎えます。

一二、一月はエサの少ない厳冬期です。この厳しい季節を乗り切るために、多くの鳥たちが混群に参加するのでしょう。二、三月になると、繁殖のためにつがい形成が起こり、混群率は低下していきます。

混群のメンバーは、一日の間においてもけっして安定しているわけではありません。小笠原さんはある日、一つの混群を追跡して、「まず、午前九時二五分、最初エナガ一〇羽、シジュウカラ五羽、およびコガラ四羽からなる混群が認められ、まもなくシジュウカラ五羽とコガラ四羽がエナガ群の後に残り、エナガ群だけが他の場所に移動した。その後約三〇分して、シジュウカラ五羽、ヒガラ五羽、およびコガラ四羽からなる他の混群がこのエナガ群と合流し、新しい混群を形成した。この混群は、再びエナガ一〇羽とシジュウカラ五羽の群れとコガラ四羽とヒガラ五羽からなる混群に分離し、その後シジュウカラがエナガ群から分かれ、エナガは約一時間、種群で移動していたが、最初分離したと思われるシジュウカラ五羽とコガラ四羽からなる混群と合流したのが一一時五分であった」と書いています（図12・2）。

わずか一時間半の追跡でも、こんなふうにメンバーが入れ替わるのです。けれど、かれらはけっしてバラバラに入れ替わっているのではありません。多くの種が入り交じって行動している混群の中でも、カラたちはそれぞれの種ごとにまとまって、種群として行動しています。

この分離と合流のパターンをよくみると、エナガの群れと他のカラ類の群れは別々に行動する傾向があるようです。これは、一つにはエナガと他のカラ類との移動速度の違いです。エナガは家族群でいるときには時速一三六メートルほどでしか動きませんが、種群では時速五四〇メートル、混群では最高時速八六四メートルにもなります。一方、シジュウカラの種群は時速一一〇メートル、エナガを含まない混群は時速一五三メートルと、圧倒的にエナガが速いのです。ですから、混群ではエナガが独自のペースで移動し、他種がそれに引き込まれるように移動していきます。エナガが先行種(lead species)であり、他のカラ類は追従種(follower)というわけです。

混群のメンバーは、いつも仲良くしているわけではありません。ときには争いもあります。それは混群内において各種の個体がエサを取っているとき、あるいはエサをくわえているときに同種または異種の個体がそれを奪おうとして近づき、エサをもった個体が逃げ

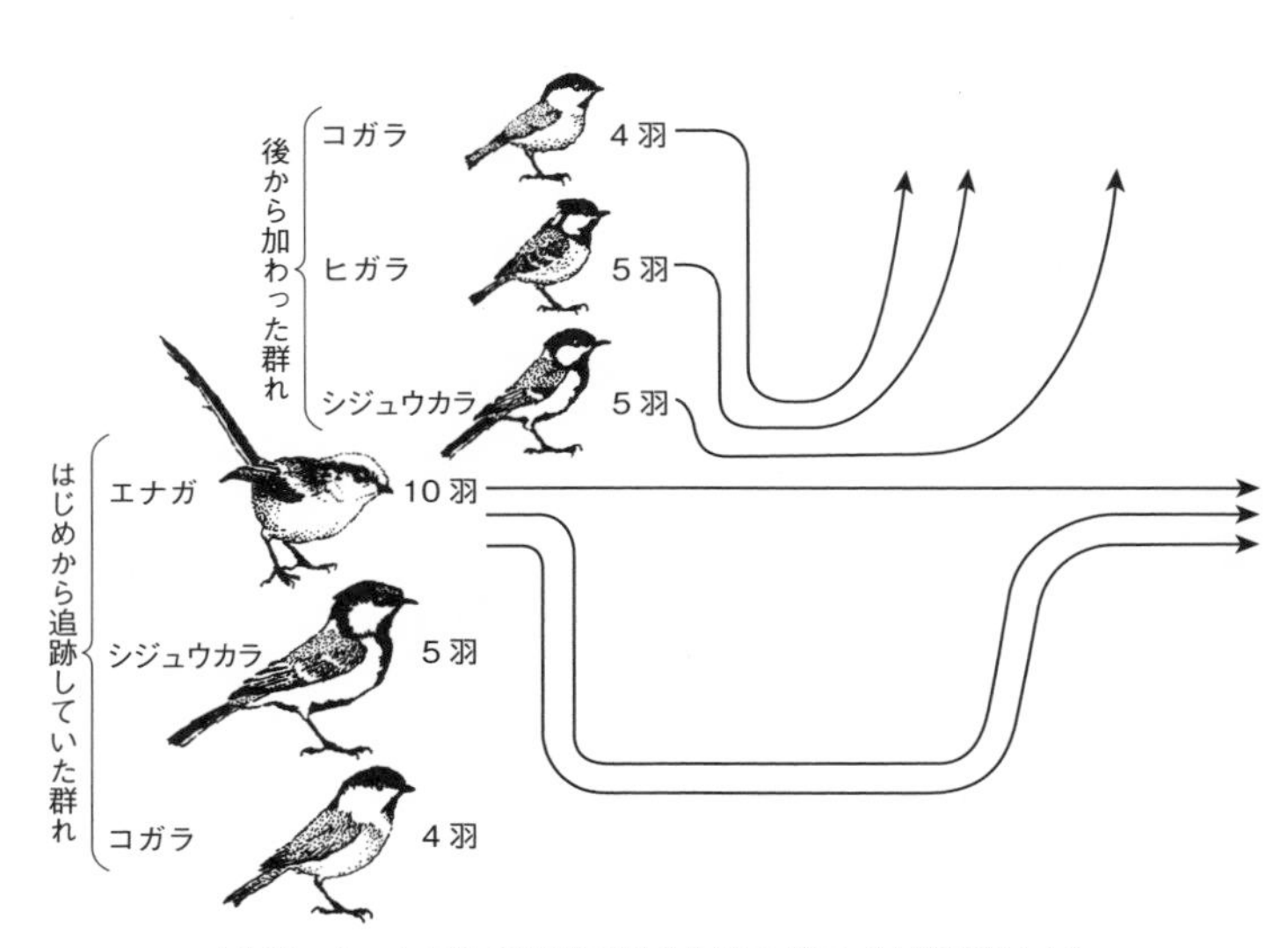

図12・2 カラ類の混群の離合集散の様子(小笠原[2]より)

るという行動です。東北大学植物園で観察された混群では、争いは同種の個体間の場合がもっとも多く、一〇八回のうち七三回（六八％）を占めていました（表12・1）。

コガラとキクイタダキはとても平和的で、他種を攻撃することはありませんでした。また、エナガもヒガラとキクイタダキを一回ずつ攻撃しただけでした。しかしヒガラは、自分より大きなシジュウカラこそ攻撃しませんでしたが、コガラ、エナガ、キクイタダキを攻撃しています。そして、シジュウカラは他種に一度も攻撃されず、エナガを九回、ヒガラを七回攻撃しています。こうした攻撃で、実際にエサが取られてしまうことはほとんどありませんでしたが、カラ類の混群でも構成メンバーは折りあらばと他のメンバーの隙を狙っているといえます。

小笠原のメグロ－メジロ－ウグイス群

日本でみられる混群は、カラ類の混群だけでしょうか。じつは小笠原諸島の母島にだけすんでいるメグロが、メジロやウグイスなどと混群らしきものをつくるのです。小笠原は今でも東京の竹芝埠頭（ふとう）から船

表12・1　カラ類の混群の中でのエサの奪い合い（小笠原[3]）

		攻撃した種				
		エナガ	シジュウカラ	ヒガラ	コガラ	キクイタダキ
攻撃された種	エナガ	6	9	4	0	0
	シジュウカラ	0	4	0	0	0
	ヒガラ	1	7	44	0	0
	コガラ	0	0	6	5	0
	キクイタダキ	1	0	7	0	14

図 12・3 小笠原諸島のメグロを核にした“混群”．左にウグイスがついてきている

で二四時間というとても遠いところでなかなか行く機会がなかったのですが、大学に就職する直前、オガサワラノスリの調査で訪ねることができました。私が訪れた三月は、小笠原の鳥たちにとってちょうど繁殖開始の季節。母島ではウグイスもメジロもメグロもみんな巣材をくわえて運んでいました。道に沿って歩いて、出現する鳥を数えるロードサイドセンサスをしていたときに、同行のHさんが「メグロが出てきたら、その後からメジロやウグイスも出てくることが多いんや」というのです。なるほどそういわれてみると、センサスノートにはメグロ、メジロ、ウグイスが短時間のうちに並びます。

そこである日、沖村から乳房山へ登ったときに、これらの鳥たちがどのように出てくるかを注意して見てみました。たいてい最初に出てくるのがメグロです。メグロは最初とても静かに、そして突然、すぐ近くに現れます。しばらく待つと必ずもう一羽が出てきます。おそらく、つがいなのでしょう。そして、それと相前後してメジロやウグイスが現れます（図12・3）。この日、このコースで出会ったつがいのメグロには、数メートルから一〇メートルぐらいの範囲に、必ずメジロやウグイスが（一例はヤブサメも）くっついていました（表12・2）。このメジロやウグイスたちも、どうやらペアのことが多いようです。

一つの群れを一日中追ったわけではないのでその離合集散の様子はわかりませんし、時期的なものもあるかもしれませんが、私は、やはりこれは混群だと思うのです。ただ、これらの鳥同士の結びつきはそんなに強いものではないようです。ある一定の地域にすむメグロとメジロとウグイスが、それぞれ同種同士では排他的ななわばりをもちながら、どれかの鳥が採食を始めると次々と合流して混群をつくって移動していき、なわばりの境界に近づくとまたバラバラになってつがいに戻ってしまう（もちろんつがいになれない個体も混じっているはずです）、というようなタイプの混群形成を行っているのではないでしょうか。メグロもメジロもウグイスも色彩的によく似た種であることから、コミュニケーションの情報を共有

表12・2　小笠原諸島のメグロ－メジロ－ウグイスの混群

	メグロ	メジロ	ウグイス	ヤブサメ
1	2	2	♂♀	‥
2	2	1		
3	2	2	1♂	
4	2	2	2♀	
5	2		2♀	1♂
6	2	4	♂♀	

しやすいことが考えられます。

メジロ主体の西表島の混群

小笠原と並んで、日本にはもう一つ亜熱帯域があります。琉球諸島です。琉球諸島にはヤマガラやシジュウカラが生息しています。ここでもカラ類の混群は形成されるのでしょうか？

二〇〇一年から二〇〇三年にかけて、研究室の院生たちと一緒に西表島で混群の調査をしたので、西表島で形成される小鳥類の混群について紹介します。西表島ではマングローブ林で混群が形成されます。調査を行った場所は、船浦湾に大きく広がっているマングローブ林です。マングローブ林を構成している樹種はオヒルギ、メヒルギ、ヤエヤマヒルギの三種。潮が引いて干潟が出たときに、マングローブ林の中を歩き、鳥の種類や出現数をカウントしました。

調査の結果、西表島に留鳥または夏鳥として生息する鳥たちで、メジロ、シジュウカラ、サンショウクイ、ヒヨドリ、キビタキ、サンコウチョウ、コゲラが混群に参加していました[4]。西表島に生息するこれらの種は、それぞれリュウキュウメジロ、イシガキシジュウカラ、リュウキュウサンショウクイ、イシガキヒヨドリ、リュウキュウキビタキ、リュウキュウサンコウチョウ、オリイコゲラと亜種名がつけられ、琉球列島固有の別亜種です（私たちのこの三年間の調査ではオリイヤマガラを観察することはできませんでした。おもに中央部の山岳地域に生息しているといわれています）。

混群の主導権はメジロにありました。メジロが群れになって、オヒルギなどのマングローブの花の蜜を求めて林の中を移動するのに、サンショウクイやキビタキが随伴していたのです。シジュウカラやサンコウチョウも随伴種でした。本土でエナガが先行種として混群を引っ張っていく役割を、西表島ではメジロが果たしていたのです。

熱帯アジアは混群もにぎやか
——スリランカ・ボルネオ

混群はそれを構成する種こそ違え、世界のいろんな地域でみられます。とくに、熱帯の森林ではたくさんの種類が参加して形成されます。たとえばスリランカの高地林では、混群は一群れあたり一〇〜八〇羽、一〇種類の鳥とリスの一種（！）から構成

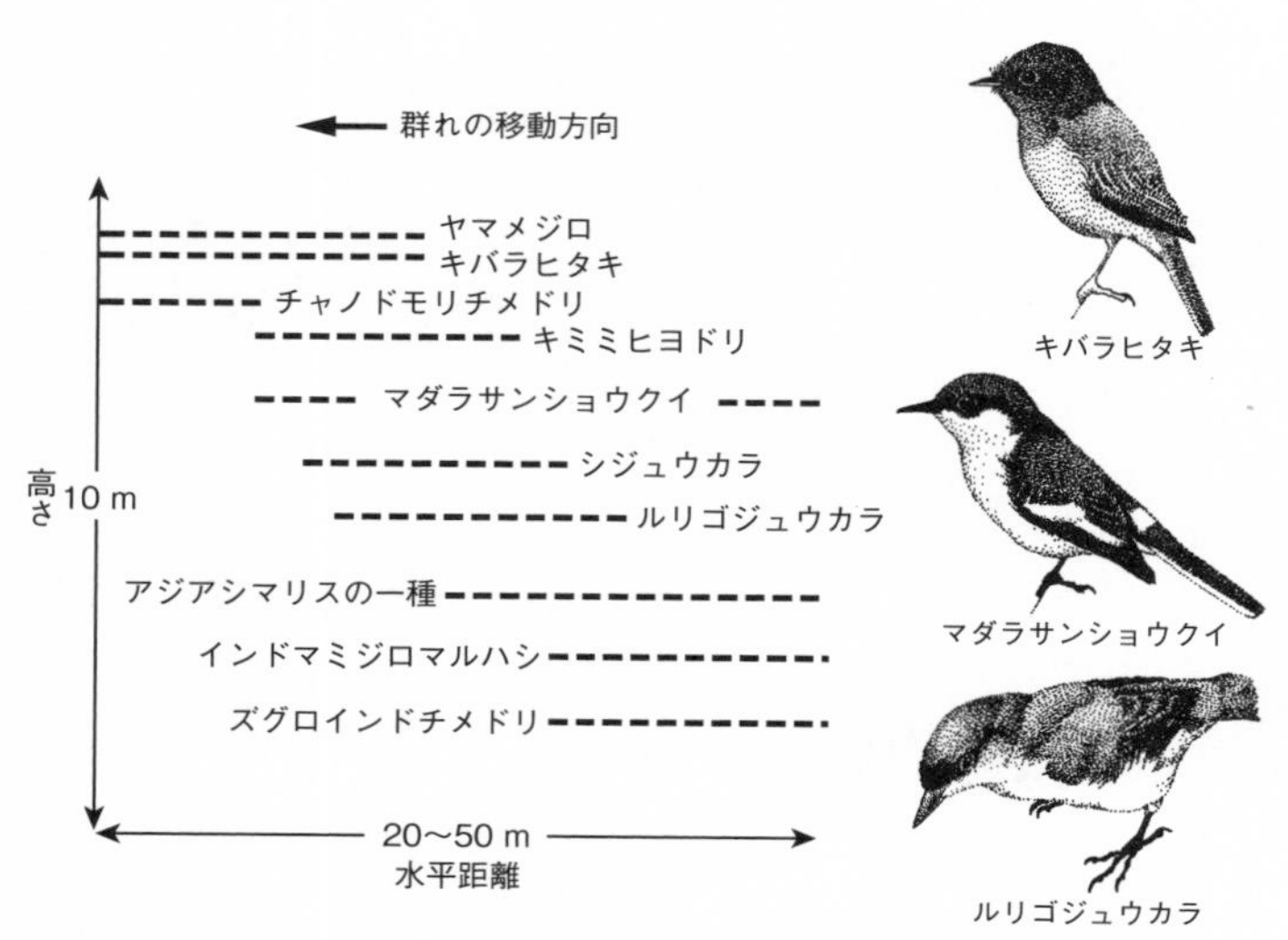

図 12・4　スリランカの高地林での小鳥類の混群（Croxall[(5)]）

されています[5]（図12・4）。

ボルネオの熱帯林は、もっとにぎやかです（表12・3）。調べられた四四の群れでは、一群れあたりの大きさは二〇羽足らずですが、一群れに一〇種以上の鳥が入っていました。ということは、一種あたり二羽もいないということです。混群に参加する種は合計四〇種。多い方から順に、ヒタキ類が一〇種、チメドリ類が六種、ヒヨドリ、タイヨウチョウ、クモカリドリ、ハナドリ類が各三種で、これにオウチュウやサイホウチョウ、キツツキ類も加わっていました。

アマゾンのアリドリたち

さらにすごいのは、中南米の熱帯林にすむ鳥たちです。ベイツ型擬態の発見で有名なベイツは『アマゾンの博物学者』という本のなかで、「何日も鳥に出会わない静かな日が続いた後で、私はある日突然、さまざまな種類の数百羽の鳥の群れに取囲まれてしまった」と書いています[6]。ベイツの書いたこの鳥の群れが、アマゾンの熱帯林の混群です。

混群をつくるのはアリドリ科に属する鳥たちが多く、ツグミに似たアリツグミ、ミソサザイに似た尻尾の短いアリミソサザイ、モズに似たアリモズ、ヤイロチョウに似たアリヤイロチョウなど、

表12・3　ボルネオのサラワクで観察された混群の種構成（Croxall[5]）

	熱帯林			二次林
	A	B	C	
群れの大きさ	19.0	17.5	18.6	16.5
種　類	11.2	11.3	11.3	8.3
種あたり個体数	1.7	1.6	1.7	2.0

頭にアリの字が冠される小鳥たちです（注）。この多種多様なアリドリたちが、密林の中で大集団を形成するのです。日本でみられる混群とは、種類の豊富さと数の多さでちょっとスケールが違うようです。これまでほとんど知られていなかったこの地域の混群の生態や社会について、混群を構成するメンバーを個体識別した研究が行われはじめています。

ペルーのアマゾン川流域の熱帯林では、二つのタイプの混群が知られています。一つは密林の樹冠部を渡り歩く〝樹冠グループ〟、もう一つは林の地上部から中間層を移動していく〝地上グループ〟です。[7] 樹冠グループは樹冠グループ同士、地上グループは地上グループ同士、排他的になわばりを守りますが、異なるグループ同士、つまり垂直方向では完全に重なり合っています。ときには、これら両方のグループが林の中で〝合体〟することもあります。すると一時的ですが、六〇～七〇種（！）からなるすごい混群が形成されることがあります。おそらく、ベイツが出会った混群もこうした一時的な大群なのでしょう。

中南米各地の混群を、群れサイズや種数について比較した表をみてみましょう（表12・4）。熱

注　この地域の小鳥たちは、私たちにあまりなじみがありません。それは、私たちがふだん見ている小鳥たちのほとんどがスズメ目の鳴禽類（スズメ亜目）に属する鳥たちなのに対し、この地域の鳥たちの大部分は同じスズメ目でも亜鳴禽類（タイランチョウ亜目）とよばれる、哺乳類でいうならオーストラリアにすむ有袋類と同じような、進化的にも古い時代に適応放散［ある特定の祖先種から、短期間（進化史的に）にさまざまな生態的地位を占める種が進化してくること］した小鳥たちだからです。

帯ではときには一〇〇羽を超す混群もありますが、平均群れサイズをみるかぎり、そんなに大きな混群ばかりではないようです。それより目につくのは種類の多さです。熱帯の乾燥林では、種数に温帯との違いはありませんが、熱帯降雨林では非常に多くの種が混群をつくることがおわかりいただけるでしょう。

混群の群れサイズと種数には非常に高い相関があり（r＝〇・九五）、混群の種数が一種増えるごとに一・七羽ずつ個体数が増えていくというきれいな関係があります[8]（図12・5）。これは、混群の中につねにみら

表12・4 中南米各地の熱帯林で形成される混群の比較（Powell[8]）．鳥の種類の記号は，F：アリドリ科，V：モズモドキ科，P：アメリカムシクイ科，T：ミソサザイ科，Th：フウキンチョウ亜科

地　域	核になる種類	群れサイズ（平均）	総種類数	常連の種類
熱帯降雨林（低地）				
アマゾン	F	25〜35	35〜48	14〜16
ベネズエラ	V	?	42	7
パナマ	F	6〜8	22〜40	5〜8
メキシコ	F−V	?	44	?
ホンジュラス	F−V	10〜15	67	3
南ブラジル	Th	?	20	6
コスタリカ	F	?	31	8
熱帯降雨林（山地）				
パナマ	Th	8〜15	21	8
コスタリカ	P	8	43	5
コロンビア	F	22	46	10
熱帯乾燥林				
メキシコ	T	40	10	3
ブラジル	P	?	10	5

れる常連の種が、ほとんどの場合、ペアで参加していることによるものです。そして、一つの混群の中には、同一種は一ペアしか含まれていないことも同時に示唆しています。熱帯降雨林で混群をつくるどの種のペアも、同種に対しては排他性を示してなわばりを守ります。ですから、一つの混群の中には同種は一ペア以上参加できないのです。それぞれの混群の核になる種（core species）はペアや家族群として一年中（繁殖期も）、混群の中で生活しているのです。これは小笠原のメグロたちの混群とよく似ています。こうした熱帯降雨林の混群は、非繁殖期にだけ形成される温帯地域の混群とは異なり、ほぼ一年中継続します。

黒と褐色の鳥の群れ――ニューギニアの混群

混群は、鳥の歴史のなかでいつ頃から形成されるようになったのでしょう。進化的に古い起源の混群があることが知られています。ふつう、混群をつくる鳥たちがどんな色をしていようと、たいしたことではないような気がします。けれど、ニュー

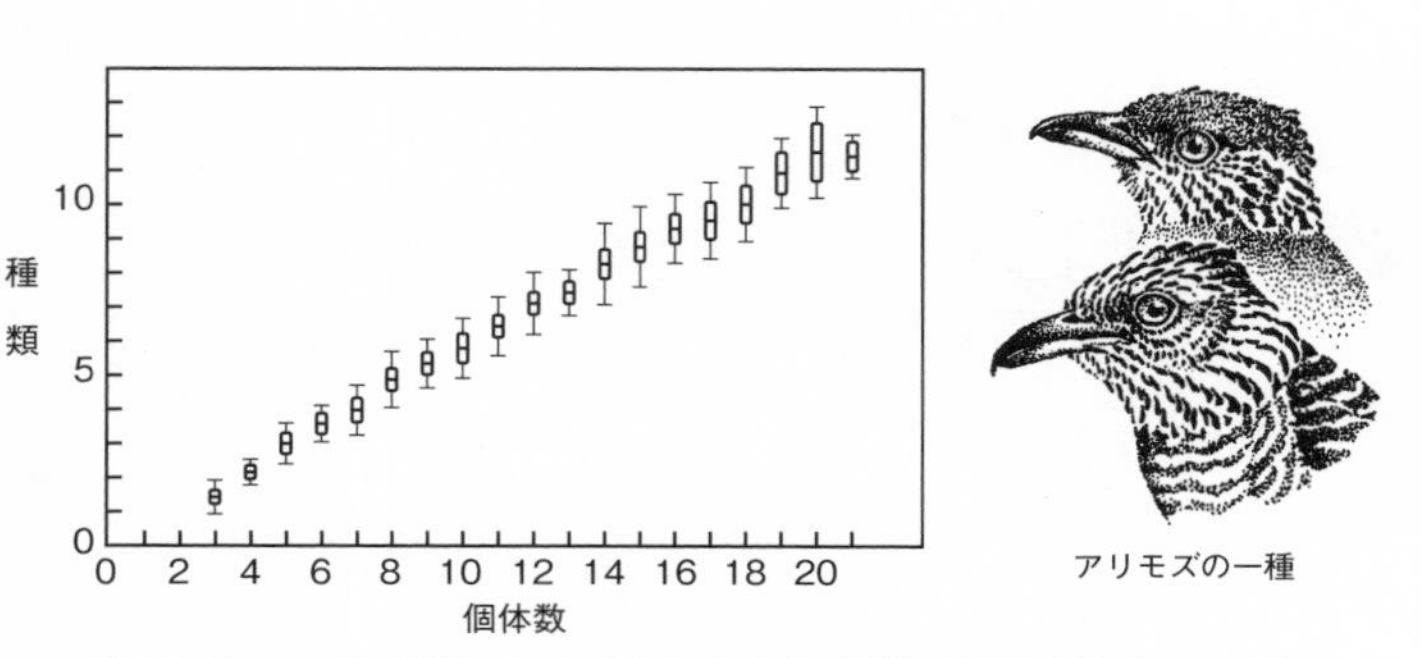

図12・5　南米の混群における群れサイズと種類の相関関係（Powell[8]）

ギニアとその周辺のいくつかの島には、構成メンバーがほとんど黒と褐色の鳥たちからだけなっているという不思議な混群が知られているのです。この混群はニューギニアのあちこちで、構成種こそ異なるものの、場所や標高にかかわらず形成されます。極彩色の鳥たちがすむ熱帯雨林において、黒と褐色の鳥からだけなる混群というのも異様です。なぜ、かれらは黒と褐色だけなのでしょう。

ニューギニアの鳥の研究で有名なダイアモンドによると、このタイプの混群に参加する混群のメンバーはオウチュウ類、モリモズ類、オニサンショウクイ類、ゴクラクチョウ類［意外と知られていませんが、四二種あるゴクラクチョウの多く（とくにメス）は、黒や褐色を基調とした地味な鳥です！」など、三五種にものぼりました。そして、世界のどこでも混群は小型の鳥たちで構成されるのに、これらの鳥たちはすべて体重が一〇〇～二〇〇グラム前後で中～大型の、果実食または昆虫食のスズメ目の鳥たちでした[9]。

混群をつくる鳥たちの色彩が似てくることについて、いくつかの仮説が唱えられています。一つは、似た色彩の種が群れを構成することで捕食者が的をしぼりにくくなる効果があるとするものです。第二に、似た色彩であることによって、種間であっても種内と同じ信号を使って個体の間おきがやりやすくなるということです。そして第三に、同じ色だと信号の節約化（！）ができるという仮説です。これは「社会的擬態（social mimicry）」とよばれています。アフリカのハタオリドリ類が、非繁殖期にどの種も似た色彩になって、緊密な集団をつくるのも、同じ意味があるのでしょう。

この混群の歴史はかなり古いと考えられています。それはオウチュウ類を除く構成種の多くが、歴史的にも古い、ニューギニア固有の遺存種であり、さらにこうした混群ができるのが、ニューギニアと氷河期に陸橋で結ばれていた島々に限られていることです。この混群の起源は、数百万年前にまでさかのぼることができると考えられています。つまり、混群の形成それ自体が進化の過程で混群構成種の色彩に影響を及ぼしてきた（つまり黒と褐色という地味な色のままにとどめてきた！）らしいのです。

混群に参加する一部のゴクラクチョウ類のオスは一見、黒や褐色の色彩をしていますが、求愛ディスプレイをするときには、目も覚めるような青や赤の羽毛を出現させます。かれらは混群に参加するために、ふだんは目立たない黒や褐色の色彩で通し、求愛のときだけ美しい羽を出現させるように進化したのではないかと考えられます。一方、オスがふだんから美しい種類では、混群に参加するのは地味なメスだけなのです。ニューギニアの黒と褐色の混群の存在は、混群形成という社会現象が一つ一つの種の形態にまで影響を及ぼした一つの例とみなすことができます。

熱帯降雨林の混群研究は、これからも鳥の群集生態学、進化学、行動学の接点の話題を数多く提供してくれるでしょう。

13

みんなで通ればこわくない

13章の扉絵 エゾビタキのフライキャッチング

混群のカラたちが飛び立たせた虫を，群れにくっついてきたエゾビタキが，フライキャッチングで横取りしようとしている．混群に参加する鳥たちのなかにも，個体ごとにいろんな利害が錯綜している．

群れによる警戒・防衛やうすめの効果は、群れが同種から構成されていようと異種から構成されていようと同様に働くと思われます。それなら異なる種類同士で群れをつくるより、〝気心の知れた〟同種同士の方がよいのではないでしょうか。強いて異なる種類が群れをつくることに、何か利点があるのでしょうか。

一つの理由は、群れが同種個体から構成されている場合、群れの大きさが大きくなるにつれて食物をめぐる競争が激しくなることです。同種個体は同じニッチ（生態的地位）を占めていますから、とくにエサの少ない場合など、競争は深刻です。これが違う種類同士だと、エサの種類が異なりますから、争いは最小限にとどめながら外敵に対する警戒や防衛の効果を高めることができます。

カラ類はうまく〝食い分け〟

混群が形成される森林環境では、昆虫の種類数は豊富ですが、一種あたりの個体数は少なく、保護色などの防衛手段を発達させて広い範囲に分散しています。ですから森にすむ昆虫食の鳥は、他人（種）の開発していないエサを取れるように、多様なテクニックを発達させています。何種ものカラ類が一つの群れを構成していても、エサをめぐる種間の競争はそう深刻ではないのです（ただしこれはあくまでも基本であり、種間でも争いがあることは先に紹介しました）。

カラ類は、よくみるとさまざまなくちばしの形をしています。エナガは小さくて短いくちばし、ヒガラは細く尖ったくちばし、ヤマガラは太くて大きな平ノミ型のくちばし、コガラは縦方向に偏平なくちばし、そしてシジュウカラはもっとも特殊化の少ない、ほどよい円錐型のくちばしをもっています（図13・1）。それゆえエサの取り方は、カラ類によってかなり異なっています。

エナガは、細い枝にぶら下がったりしながら、細かにつついたり、ついばみ取るといったもっとも単純な方法で採餌します。こうしてアブラムシや、芽に産みつけられた鱗翅目の卵、クモ類などをついばみます。

シジュウカラは、細かにつついたり、ついばみ取る方法は全体の三割ぐらいしかありません。木の幹にとりついて樹皮をむしり取ったり、地上で枯葉をくわえて除けたりする採餌法が全体の半分を占めています。

ヒガラは、細かくつつくか、ついばみ取るやり方が全体の約半分、そしてくわえちぎる方法や突き破ったり、ほじったりする方法が四割です。こうして、おもに針葉樹の樹冠部で小昆虫や種子を食べます。また突き刺すようにくちばしで芽をこじ開け、芽の中に潜んでいるハバチ類の幼虫を取ったりします。大きなエサの場合は両足（あるいは片足）を用いて、木の枝に押さえつけて食べます。

コガラは、むしり取るのと、突き破ってほじる方法が、全体の七割を占めています。枯れた枝に角ノミを使うようにくちばしを打ち込み、穴を開けることもあります。

最後にヤマガラは、ついばみ取る、くわえ取る、抜き取るといった方法に、はじき飛ばすという方法が加わります。また、くわえ取った後、別の枝に移ってエゴノキやシイ類の堅い実を足で押さ

くちばし
上：上から見た図
下：横から見た図

エナガ

シジュウカラ

ヒガラ

コガラ

ヤマガラ

図 13・1　混群をつくるカラ類のくちばしはさまざまな形をしている（中村[1]）

えて、叩き割ったりします。ヤマガラがエゴノキの実を割る音は、かなり離れたところからも聞こえます。じつはエゴノキの実は種子にエゴノールという有毒成分が含まれています。ヤマガラは、暖かい地方の照葉樹林ではシキミの実も大好きです。北海道ではイチイの実にやってきます。イチイにはタキシン、シキミにはアニサチンという、ヒトでも中毒死が報告されている猛毒が含まれています。ヤマガラがなぜこうした有毒種子を食べることができるのか、不思議です。

このように、混群をつくるカラたちで採食方法はかなり異なっています。ということは、捕らえる虫の種類も種によって異なるということです。ヨーロッパに生息する四種のカラ類で調べられた例では、捕らえる虫の大きさがかなり異なっていることが知られています（表13・1）。

カラ類では採餌の空間も異なります。長野県松本市ケイト山の混交林で調べられたデータをみると、エナガは木の各部にほぼ均等に出現しています（表13・2）。シジュウカラは、林の中層部以下のわりと低いところを利用して採餌しており、ときどきは地上へも降ります。ヒガラは高い木の上・中層部を渡っていき、あまり地上に降りません。バード・ウォッチャーにとっては双眼鏡で見ていて、首の痛くなる種類だといえましょう。コガラは、西日本に住んでいる人たちには、冬、まれに見ることができるだけですから、ヒガラ同様、木の上層部を好むような気がしますが、これが案外、地面に近いところへ降りてきます。コガラは、ほぼシジュウカラと同じ生活空間をもっているのです。しかし、シジュウカラのように地上に降りることはめったにないようです。そして、ヤマガラが意外と高いところを採餌の空間にしています。

この傾向がどこでもそうかというとそうではなく、小笠原さんが調べた東北大の植物園ではエナガはヒガラほどではないですが、木のかなり高いところを移っていき、あまり下には降りてきません。また、シジュウカラが春から夏にかけてはあまり地面に降りてこないなど、季節によって若干の変化がみられます。カラ類の生活空間は、その種がすんでいる山の標高、林のタイプ、季節、他種の存在など数多くの要因によって影響されているのでしょう。

混群をつくる鳥たちは、エサをめぐって、生存に関わるような激しい競争を繰り広げる必要がありません（といっても、これは結果であり、過去において厳しい競争があったからこそ多様な昆虫食の鳥が進化したと考えることもできます）。それなら、争いに無駄な時間やエネルギーを浪費するより、共同行動を発達させた方が有利です。昆

表 13・1 ヨーロッパナラの林でカラ類 4 種が食べた虫の大きさ（Betts[2]）

虫の大きさ	ヒガラ	アオガラ	シジュウカラ	ハシブトガラ
0～2 mm	74%	59%	27%	22%
3～4 mm	17	29	20	52
5～6 mm	3	3	22	16
6 mm <	7	10	32	11

表 13・2 冬（12 月～2 月）のカラ類 5 種の生活空間（中村[3]）

種　類	上 層	中 層	下 層
エナガ	37.5	25.1	37.1%
シジュウカラ	14.7	45.5	39.3%
ヒガラ	53.6	32.0	14.4%
コガラ	14.4	48.7	37.1%
ヤマガラ	53.9	28.2	18.0%

虫食の鳥で混群形成という生活手段が進化してきたのは、森林の昆虫資源を有効に開発、利用する一つの必然だったのだと思われます。

みなさんの住んでいる地方の林ではどうでしょうか。カラ類の混群に出会ったら、それぞれの種類が木のどんな場所で採餌しているか、観察してみて下さい。

一羽で無理でも群れなら捕れる——追い出し効果

混群形成と採食の利点について、一番初めに出された説は「追い出し仮説」です。保護色の虫は自分の保護色に自信があるのか、捕食者が近づいてもなかなか飛び立ちません。そして、いったん飛び立ったら、その虫を飛び立たせた個体がそれを捕らえることは困難です。しかし、群れで採餌していたなら、一羽が逃がした虫をそばにいた他の個体が捕らえる確率はぐんと高まります。ブラジルの熱帯林では、フライキャッチングのできるウスグロアリモズは、エサの三〇%をこうした方法で得ているといいます[4]。

前に紹介した越冬ツバメの共同ハエ捕り行動が、まさにこれと同じ状況です。田んぼでアマサギが牛の後をつけて飛び出すバッタを取っていたり、ユリカモメやウミネコが田植えの代掻き(しろかき)のとき、耕運機の後をついて、掘り返された水田でエサをあさっていたりするのも、混群における虫の追い出しと原理的には同じ行動です[5]。「追い出し仮説」は、とくにヒタキ類や空中でフライキャッチングの可能な鳥たちが混群に参加している場合の、かなり有力な説明になっています。

他人の行動をまねる——社会的学習

昆虫食の鳥では、エサ探しにおける経験や情報の伝達は非常に重要です。それは、鱗翅目の幼虫などはその環境に均一に分布しているわけではなく、種ごとに決まった食草（樹）の特定の部位にしかいませんし、ときにはさまざまな隠れ場所を利用したり、保護色で身を隠したりしているからです。ですから、鳥たちがさまざまな種類の虫を捕れるようになるにはかなりの経験が必要です。こんなとき、それぞれ採餌場所や採餌の経験、エサの種類が少しだけ異なる鳥たちが混群をつくっていれば、採餌に慣れていない若い鳥や、ふだんは決まった場所しか探さない鳥は、経験を積んだ鳥や他種の違った採餌パターンを見て、自分自身の採餌経験を豊かにし、採餌空間を広げることができます。その結果、一羽または一種では見逃すような虫でも、うまく見つけることができるようになります。社会的学習は、同種個体群ばかりではなく、混群の場合にも機能していると考えられます。

アメリカコガラとクリイロコガラを用いた、社会的学習の巧妙な実験があります。この二種のカラ類は形態的には大変よく似ていますが、日本のカラ類と同様、エサを探す場所がそれぞれ微妙に違っています。クレブスは大きな鳥小屋の中に人工の木をつ

図 13・2　クリイロコガラ（カナダ・バンクーバーの植物園にて）

くり、その枝のいろいろな場所にエサを隠しました。まずはじめに一種ずつエサを探させて採食効率を見た後で、二種を一緒にし、一方の種の学習がもう一方の種に伝わるかを調べたのです[6]。その結果、両種とも、他の種が採食に成功したら、さっそく自分の行動を変えて、その場所の近くを探したり、他の種が探してもエサの見つからなかった場所は探さないようにして、採食効率を上げることができたのです（図13・3）。アメリカコガラはクリイロコガラの、クリイロコガラはアメリカコガラの行動を見て、エサのありかについての情報を得ているのです。

同種同士でも情報の社会的伝達は

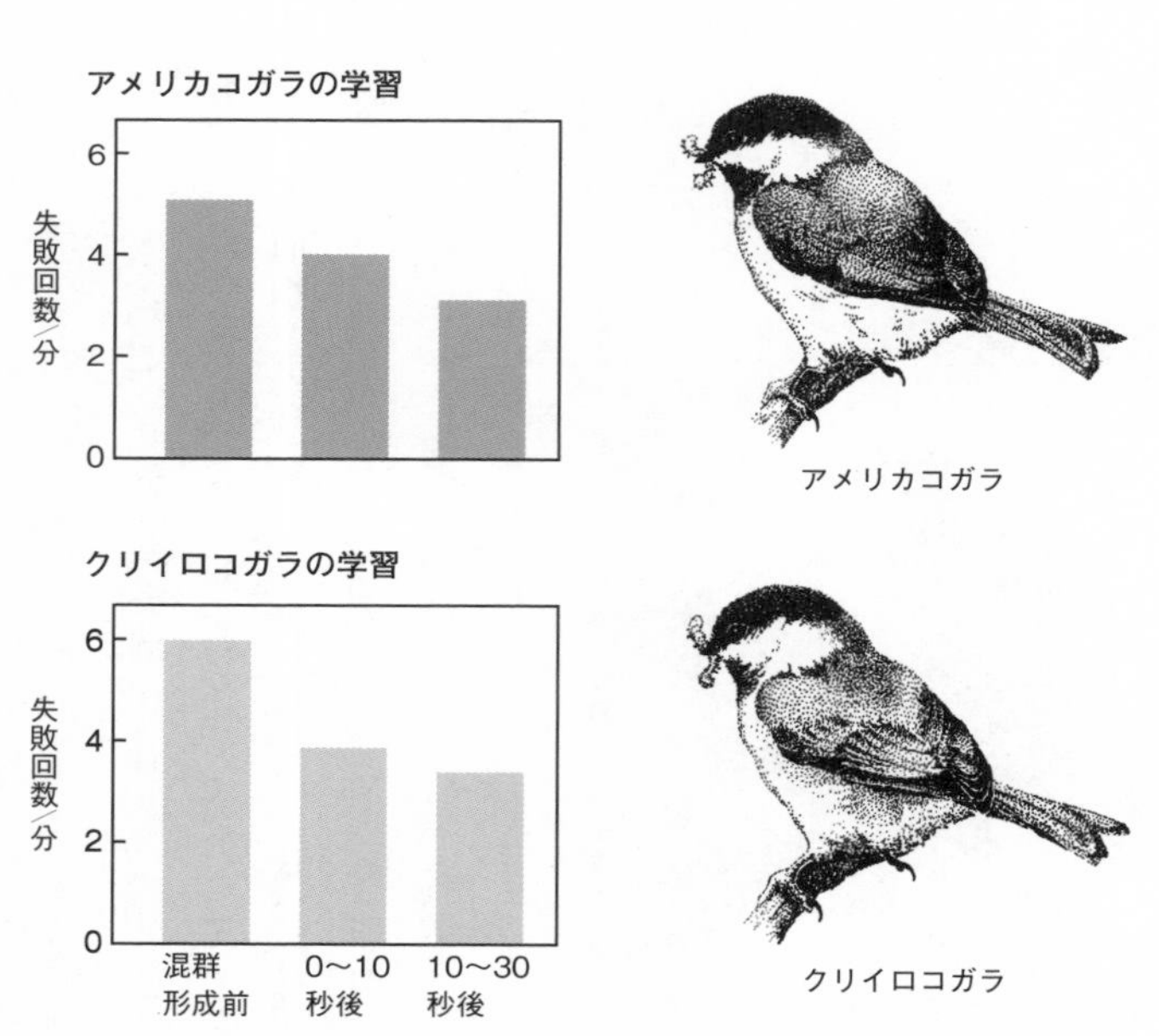

図13・3 アメリカコガラはクリイロコガラの，クリイロコガラはアメリカコガラの行動を見て，エサのありかについての情報を得ている（Krebs[6]）

なされますが、生態的地位の似通った異種同士でいると、ふだんは探索しない場所やこれまで知らなかったエサの種類を他の種から教えてもらうことができ、その個体のエサ探しの経験を豊富にするのに役立つと考えられます。とくに厳しい環境条件のもとでは、このメリットはいかんなく発揮されるでしょう。クラインは北米の冬の寒い日、とくに雪が降った朝に、混群に参加する個体数が増加することを報告しています。(7) これは雪でエサが隠されたようなとき、未経験の個体が、経験を積んだ個体の探索テクニックをあてにして、混群に参加していると考えることができます。

みんなで通ればこわくない——「ギャング仮説」

混群がエサに関する適応として進化してきたという点について、おもしろい説があります。「ギャング仮説」とよばれる仮説で、ミツスイ類やオーストラリアのカラス類について唱えられました。(8) それは、もし鳥たちが一羽一羽で行動していたなら、他の鳥がなわばりを守っている地域を通り抜けたり、そこで採餌することができないのではないか、ゆえに鳥たちは皆で集まって、「衆を頼んで」なわばりに侵入するのだという説です。

前章のニューギニアの黒と褐色の混群では、先行種として群れをリードしていくのはすべてふだんからグループで生活している鳥たちであり、後からついて行く鳥のほとんどは、ふだんはなわばりをもって生活している鳥たちでした。これらなわばりをもって生活している鳥たちも、混群が通りかかると、今がチャンスとばかり、それに混じって隣のなわばりへなだれ込むのです。同じような例はサンゴ礁に生息する魚たちの間でも知られています。

混群はタカ対策――出会いの頻度を下げる

食物と並んで重要なのは、捕食者からどう逃げるかという問題です。熱帯地域の混群でよくいわれることですが、その地域の鳥たちが混群に集まってしまうことによって、捕食者との出会いの頻度を下げることができるというのです。確かに食物が集中分布をしているとき、数学的には捕食者の探索範囲は拡大し、出会いの頻度は下がります。また、エサが集中したからといって、なわばりをもつ猛禽類はなわばりを放棄して集まることはできないでしょう。

猛禽類のほとんどいないハワイ諸島やプエルトリコでは混群は形成されないことから[9]、混群が猛禽類に対する対策として形成されるというのは、かなり確からしく思えます。一五〇〇時間をかけたアマゾンでの調査では三回[10]、コスタリカでの一七〇〇時間の調査では四回[4]、ペルー東部の四四〇時間の調査ではたった一回[11]、というように混群はほとんど猛禽に襲われていません。パウエルはブラジルで混群を調査中に、同時にそこにすむヒメモリハヤブサに電波発信器をつけて離し、同僚に追跡してもらいましたが、二二日間にわたって混群を追跡していたパウエルは、一度もこのヒメモリハヤブサに出会うことはできませんでした[4]。しかし混群を追跡しても、捕食者との出会いの頻度を正確に測定することはできません。観察者がついて歩いているような混群をわざわざ襲いにくるバカな猛禽もいないからです。本当は、もっと出会いの頻度は高いのかもしれません。

得意な分野で警戒しよう――種ごとに異なる警戒対象

一般に混群ができる森林は草原などの平面的な環境と異なり、見通しがききません。それだけ捕食者もこっそり近づきやすいわけですから、一羽の鳥にとってみれば、警戒により多く神経を使わねばなりません。だとすると、すでに群れの利点の章で述べましたが、一羽より二羽、二羽より一〇羽と、大きな群れに加わった方が有利です。

さらに、単一の種から構成されている群れより、いくつもの種から構成されている混群の方が有利です。群れを構成する種類が多いと、全体としてそれだけ多様な捕食者に反応することができます。なぜなら、鳥たちは混群をつくって採餌している場合でも、それぞれの採餌空間をもっていきます。先に述べたように、ヒガラやコガラ、エナガなどは樹冠部に近い、高いところを移動していきますが、シジュウカラは地面や低い枝を移っていきます。そうすると、群れが同種個体だけから構成されている場合に比べて、群れ全体としての視野が広がって、より多様な捕食者に反応することができるわけです。

猛禽類は、種によって、捕る獲物（メニュー）が異なっています[12]。これを、襲われる小鳥たちの方からみれば、同じタカでも〝おなじみ〟とそうでないのがあるということです。ハイタカによく狙われる種もあれば、ツミによく狙われる種もあります。種によって、異なった捕食者に襲われた経験をもっているはずです。何回かのこわい思いをしてきた鳥たちは、それだけ経験も豊富で、捕食者の接近に的確に反応できます。多種の鳥たちが一緒にいれば、ハイタカであれ、ツミであれ、種々の捕食者の接近にすばやく反応できるはずです。そのためにも警戒声が種間で共通語になっているのでしょう（第9章参照）。

種子食の鳥でも混群

ところで、いままでみてきた混群をつくる鳥は、そのほとんどが昆虫食の鳥です。しかも熱帯、温帯にかかわらず、混群をつくる鳥はほとんど森林性の種に限られています。草原や湿地や砂漠で混群をつくる鳥は非常に少ないのです。おそらく見通しのきく平面的な環境では混群をつくるメリットがそんなに大きくなく、かえって集まっていると捕食者の目につきやすいというデメリットが大きいのかもしれません。

けれど例外はあるもので、種子食でしかも砂漠性という鳥の混群もあります。第4章で述べたアリゾナのモハベ砂漠のフィンチ類の混群がそれです。また、アフリカのハタオリドリ類も、冬期に混群を形成します。これら種子食の鳥のエサはかなり重なっていると思われます。それにもかかわらず混群が形成されるのは、種子が場所によっては過剰に存在することによって、混群をつくる鳥たちが一羽で独占できないこと。その分布パターンが集中的で、探索にかなりの時間がかかり、情報センターが機能すること。また、モハベ砂漠の混群のように、捕食者がいないことやエサ資源の効率的利用の目的など、いくつかの条件が重なった結果なのでしょう。

ただ、こうした二次元的な環境にすむ種子食の鳥では、混群といっても地縁的な長続きのするものではなく、互いのコミュニケーションの発達の度合や群れの統合化の程度などが、森林にすむ昆虫食の鳥たちと比べて、かなり未発達なのが特徴です。

14

寄らば混群のかげ

14章の扉絵 **いろんな天敵に対応可**

エナガは木の上の方，シジュウカラは下の方を利用し，ときどき地面にも降りる．警戒できる空間や対象となる天敵が異なるので，互いが利益を得る．

鳥たちの混群の意味について、いろいろ述べてきました。混群の利益をみてみると、異なった種同士が仲良く助け合って生きているのは、なかなかいいものだなと思われる方もあるでしょう。けれど本当にそうでしょうか。混群の中にも、優位な種もあれば、劣位の種もあります。またそれぞれの能力や生活の仕方も違います。かれらの間にはどんな利害関係があるのでしょうか。

ここでいったん、混群ができる前の群れに戻って、そこからもう一度、混群とは何かと考えてみましょう。

エサ場に降りるのは誰が先?

混群とはいえませんが、何種類かの鳥がエサ場で一緒にいることがあります。たとえば、北欧の厳しい冬は、鳥たちにとってエサ探しが大変です。そんなとき、庭にエサ場をつくってやると、ミヤマガラス、コクマルガラス、ホシムクドリ、イエスズメなどがやってきて一緒に採餌します。一見、彼らはなかよくエサを取っているようですが、よく観察してみるとそうではありません。

順位制のところで、エサ場に降りるにも順番があることをお話しました。カッツァーの研究をみてみましょう。まず、一番はじめにエサ場に降りるのはイエスズメです。次にホシムクドリが降り、しばらくするとコクマルガラスが降ります。そして最後に降りるのはもっとも大きなミヤマガラスです。体の大きなミヤマガラスはエサ場でも一番強いので、後から降りてもみなを追い払うことができるというわけです[1](図14・1)。

開けた場所にあるエサ台は、冬期、お腹をすかせたタカ類に狙われることがよくあります。オオタカなどはミヤマガラスでも捕らえることができます。得体の知れないエサ台には人間のワナが仕掛けられているかもしれません。目新しいものに飛びつくにはそれなりのリスクがあるわけです。ですからこの場合、優位な種は劣位の種を、エサ場の安全性についての情報源（！）として利用していると考えることができます。

小鳥はノビタキのまわりに集まる

荒涼と広がる英国のヒースの荒れ地。ここにすむノビタキのまわりに鳥が集まって、小さな群れがつくられる

図 14・1　エサ場にはまずイエスズメが降り，ついでホシムクドリ，コクマルガラスと続き，ミヤマガラスは最後に降りる．最優位な鳥（ミヤマガラス）がもっとも用心深い

ことがあります（図14・2）。スコットランドでこうしたノビタキのまわりへの小鳥の集合を調べたグレイグ=スミスは、三年間でじつに二九〇もの例を記録し、この群れに参加した鳥が一五種類にものぼったことを報告しています[2]。

集まる鳥の中では、ムシクイの仲間のキタヤナギムシクイ、ノドジロムシクイ、ハッコウチョウがとくに多く、それ以外にオオジュリン、キアオジ、ムネアカヒワ、ベニヒワ、マキバタヒバリ、ヨーロッパビンズイ、ヨーロッパカヤクグリなども記録されました。群れといっても四羽を超えることはまれで、そんなに長続きするものではありません。鳥たちは、なぜノビタキのまわりに集まるのでしょう。

それは、ノビタキと他の小鳥たちとの敵に対する反応距離の差です。ノビタキは非常に警戒性の強い種で、ヒトの接近に対して一〇〇メートルの

図14・2　スコットランドのヒースの荒れ地にすむノビタキのまわりに鳥が集まって小さな“混群”がつくられることがある

距離から警戒声を上げ、平均六〇メートルで飛び立ちます。それに対し、まわりに集まる鳥たちの飛び立ち距離は、すべて二五〜三五メートルの間です。ということは、他の鳥たちはノビタキのまわりに集まることによって、敵の接近を早いうちに知ることができ、「安全圏」が広がり、ゆっくりエサを食べることができるというわけです。「見張り」に使われたノビタキこそいい面の皮ですが、ノビタキのまわりへの小鳥の集合に、私たちは混群における警戒性を高めることの重要性をみることができます。

カッコウ類が混じるわけ

野外では、混群の中にあまり大きさの違う鳥や食性の異なる鳥は入っていません。しかし、なかには例外もあります。オーストラリアのベルは、ニュー・サウス・ウェールズでトゲハシ類（オーストラリア固有のトゲハシムシクイ科の鳥）を中心にした混群を観察中に、この混群に小型カッコウの仲間が頻繁に加わることを発見しました[3]。アフリカやアジアなどで混群を調べた研究はいくつもありましたが、カッコウ類が混群に加わっているという観察はこれまでなかったのです。

オーストラリアには、カッコウの仲間が一二種類もいます。そのうち、混群に加わったのはミミグロカッコウ、ウチワヒメカッコウ、マミジロテリカッコウ、ヨコジマテリカッコウの比較的小型の四種でした。これらのカッコウ類は、小鳥の繁殖期が終わった直後、季節でいえば秋（といっても南半球では三、四月）に、混群の中でよく観察されました。カッコウたちは混群の中心メンバーの近くに位置を占め、他の鳥が食べない毛虫などを捕らえて食べながら移動していました。

カッコウたちは、なぜ混群に加わるのでしょう。混群の多くのメンバーは他の鳥の接近に驚いて飛び立った虫を捕食するのに、カッコウたちはもっぱら毛虫ばかり食べているので、食物のためではないようです。混群には、カッコウ類の宿主になる留鳥が多く含まれています。混群に加わるカッコウはその年生まれの若い個体で、混群に加わることによって、将来、自分が托卵する宿主を学習しようとしているのだという仮説があります。しかし、混群に加わっているカッコウ類が若い個体かどうかの証拠は得られていません。

それより重要なのは、対捕食者戦略です。この季節、この地方にはチャイロハヤブサやチャイロオオタカなどのタカ類が大量に移動してきます。渡りのための脂肪を蓄えたカッコウ類は、大きさといい、捕らえやすさといい、まさにタカたちの格好(カッコウ)の獲物です。カッコウたちは混群に加わることで、猛禽類から身を守ろうとしているらしいのです。このカッコウたちの心理は、ノビタキのまわりに集まる小鳥たちの心理とよく似ているといえます。

警戒は他人まかせ?——協同か寄生か

目の数を増やす以外に、警戒能力の差によって、一部の種が見張りの役目を果たし、それによって群れ全体の警戒性を高める方法もあります。この場合、先行種が見張りの役目をします。スリランカの高地林では、メジロやヒタキ類などが先行種として樹冠部に近くて高いところを先に立って移動していき、カラ類、ゴジュウカラ類、チメドリ類などの追従種はその後について低いところを移動していきます（図12・4をみてください）。林の中を移動していく混群の中で、種によって占める空間が異なるのは、これら後続グループが先頭グループに警戒を任せて（高い位置にいた方が遠くの方までよくみえます）、自分たちはゆっくりエサを取っているのではないでしょうか。追従種は先行種に寄生しているというわけです。北海道で調べられた例では、種間においても種内（ハシブトガラとシジュウカラ）においても、劣位なものほど先行種、優位なものほど追従種になる傾向がみられました。(4) 断定はできませんが、追従種は先行種をエサの存在を知るためのモニターとして利用している可能性があると日野輝明さんは述べています。

しかし、給餌場所などで形成される一時的な混群では、構成メンバーはほぼ平等に警戒していきます。ウィスコンシンで冬季、給餌台に集まるマツノキヒワ、オウゴンヒワ、ムラサキマシコの三種の混群について、各種の警戒率（見渡す回数／秒）を調べた研究では、どの種も一羽でいるときよりも他個体といる方が警戒率は低くなるという結果が出ました。(5) ただし、オウゴンヒワとムラサキマシコは、マツノキヒワと一緒にいると、若干、警戒性が高まります。これは、これら三種のなかではマツノキヒワがもっとも優位なので、他の二種がエサを奪われないかと警戒しているのではないかと考えられています。

エナガは優秀なリーダー

混群における先行種の役割について、より直接的な観察記録があります。[6] 東北大学の植物園のカラ類の混群が、モズに四回、ハヤブサとチョウゲンボウに各一回、襲われた例を小笠原さんが報告しています。そのとき、一番高いところにいるエナガがまず警戒声を上げて採餌をやめ、それに続いて他種もちりぢりに茂みに逃げ込んだのです。地表近くで採食していたシジュウカラもすぐに低い木の枝に飛び上がり、一羽一羽、やぶに逃げ込みました。こうしてエナガは、先行種としての役割を立派に果たし、混群は難を逃れることができました。

このことに関して、小笠原さんの研究のなかに、混群の中のシジュウカラの行動についてのおもしろいデータがありました。東北大学植物園のシジュウカラは、六月から八月にかけて、単独で群れをつくっている場合（単独種群）と、エナガと一緒に群

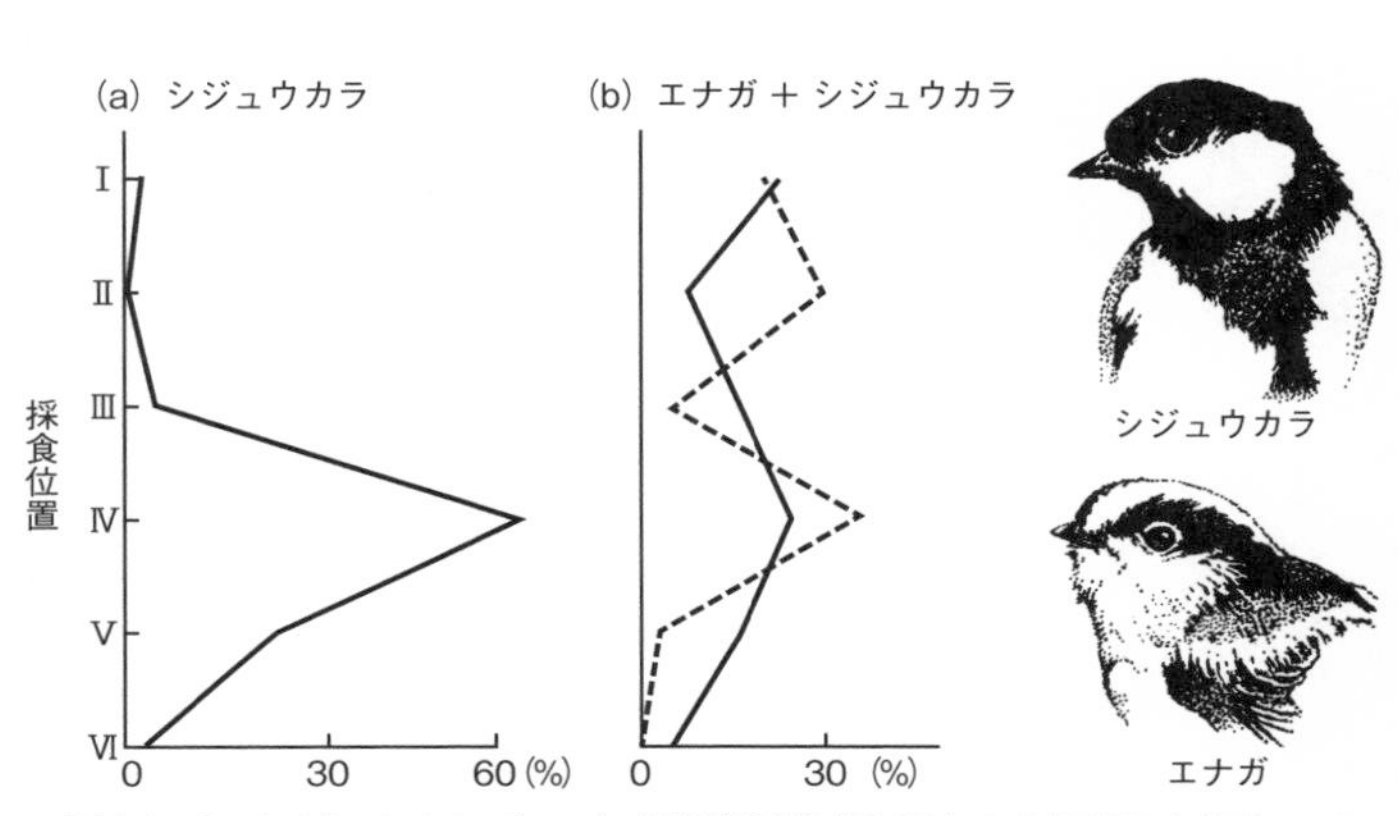

図 14・3 シジュウカラ（──）は単独種群だと樹木の中層部にかたまって採餌しているが(a)，エナガ（----）が混じるとその採餌範囲が上下方向に伸びる(b)，データは6月〜8月のもの（小笠原[7]）

れをつくっている場合があります。このとき、シジュウカラは単独種群だと樹木の中層部にかたまって採餌していますが、エナガが混じるとその採餌範囲が上下方向に伸びるのです[7]（図14・3）。シジュウカラがエナガの行動をまねているのだとも解釈できます。しかしそれなら、エナガのいる上方へ伸びるのは説明できますが、下方へ伸びるのは説明できません。これはおそらく、シジュウカラがエナガと混群をつくることによって、エナガに警戒を任せることができるようになり、安心して地面に降りて採餌できるようになったのではないかと私は解釈しています。

ちゃっかり取られる共益費――先行種の利益

では、先行種は単に寄生されているだけなのでしょうか。先に述べたアマゾンの混群では、地上グループの先行種はアオグロアリモズ、樹冠グループの先行種はハジロモズフウキンチョウでした。どちらも二〇グラムに満たない小鳥ですが、混群を先導するこれらの鳥たちは移動中、常に大きな声を発して、混群がバラバラになるのを防いでいます[8]。かれらはまた、群れ全体の警戒を任されてもいます。南米特産のモリハヤブサ属やアオノスリ属のタカが現れたとき、最初に大きな警戒声を発するのは、これら先行種に属する鳥たちです。すると、混群の他のメンバーは声のした方を見上げたり、木化けしたり、茂みに飛び込んだりして難を逃れます。一見したところ、先行種の鳥たちは〝他人のために〟尽くしているように見えます。ところが、そうではなかったのです。

このアオグロアリモズやハジロモズフウキンチョウは、混群の鳥たちが移動中に木の茂みや林床から追い出す昆虫を捕らえて食べていました。また、かれらは混群の活動的なメンバーの近くにくっついていて、虫が飛び出すと、それを追い出した鳥よりもすばやく捕らえて食べてしまいます。さらに、他の鳥が捕らえた虫を横あいからひったくっていく場面も何回か観察されています（盗賊寄生）。じつに、かれらの食物の八五％までが、このようにして得られた昆虫だったのです。何のことはない、先行種はけっして他人のために尽くしているわけではなく、混群の管理費を他のメンバーからちゃっかり徴収していたのです。先行種にとって、混群は移動式の食堂のようなものです。

混群は、最初は採食における協同の利益や、捕食者に対する警戒性の増加を目的として形成されたのだと考えられます。温帯域におけるカラ類の混群などは、こうしたわりと〝素直な〟混群です。しかし、それが鳥たちの生存に関して種々の利点をもっていることがわかると、混群をうまく使って自分の利益を追求しようとする種が出てきます。中村登流さんは、カラ類の混群のようなものを「道行くもの」、それにくっついて生活しているヒタキ類のような鳥を「かすめとるもの」と名づけました。[9] 混群を形成する鳥たちが、すべて本当に協調的なメンバーなのか、それとも寄生者が混じっているのか、混群の社会関係の糸を解きほぐしていけば、まだまだおもしろい現象が現れてくると思います。

15 群れの中でもだましあい

15章の扉絵 **色が同じだと争いも激しい**

ルリビタキのオス同士は激しいなわばり争いを繰り広げるが，若いオスはメスのような色彩をしているので，そんなに激しくは攻撃されない．

群れの中の個体の関係が、けっして共通の利益に基づく協力的なものではなく、そこには群れの中のその個体の置かれた地位や、群れを構成する種によるさまざまなかけひきがあることを述べましたが、鳥たちのなかには、もっと積極的に「相手をだましつつ」群れの中で生活している例が知られています。この章ではそうした例をいくつかご紹介しましょう。

女形（おやま）もオスの方便

一般に、スズメ目の鳥では、亜成鳥のオスは幼鳥羽よりもむしろメスに近い羽色をしています。たとえば、北米の一〇五種のスズメ目の鳥のうちの三〇種は一年目の夏をメス的色彩で過ごし、繁殖しません。なぜ、若いオスはメスに似るのでしょう。ローワーはオスのハゴロモガラスのなわばり内にさまざまなタイプの剝製を置き、オスの攻撃性を調べてみました。その結果、成鳥オス＞黒い亜成鳥オス＞黒くない亜成鳥オス＞成鳥メスの順に、オスの攻撃性が低下することがわかりました[1]。ムラサキツバメでも成鳥羽から最も遠い羽色の亜成鳥オスの方が、よりよい大きなコロニーに加われることがわかりました[2]。つまり、若いオスは〝メスのフリ〟をして、古参オスから攻撃されることを避けつつ、よいなわばりを手に入れたり、よいコロニーに加入したりできるのだというのです。ローワーは、これを〝女形（おやま）（female mimicry）仮説〟と名づけました。

ルリビタキの若者は無駄な争いをしない

ルリビタキは、オオルリ、コルリと並んで、オスの頭から背中一面がブルーの美しい鳥です（図15・1、メスは地味な茶褐色をしています）。私の研究室にいた森本元さんは富士山五合目のオオシラビソ林で、ルリビタキの青い色彩がどんな機能を果たしているのかについて研究しました。ルリビタキのオスは「遅れの羽色成熟＝ＤＰＭ」といって、巣立った翌年の初繁殖の年にはメスによく似た茶褐色の外観のまま繁殖します（鈍色オス）が、翌年以降の繁殖期には鮮やかな青色を獲得して繁殖します（青色オス）。

そこで森本さんは、青色オスと鈍色オスの争いについてデータを取ってみました。青色オスはメスに対しては攻撃行動を示しませんが、鈍色オスに対しては青色オスに対してと同様にさかんに攻撃を仕掛けます。野外でのオス同士の争いの結果を分析してみると、同色オス同士の闘争よりも異色オス同士の闘争の方が、争いがエスカレートしないことが明らかになりました。これは、鈍色であることにより青色オスとの闘争によるリスクを下げられることを意味しています。社会的な地位が高く、

図 15・1 カラマツのてっぺんでさえずるルリビタキの青色オス（富士山須走口五合目にて）

闘争能力が高いと考えられる青色オスに対して、鈍色オスは地味な羽色を用いて劣位であることを積極的に伝達することにより、ときには死ぬ可能性すらある直接闘争による危険を軽減しているのです。

若いペンギンは変装上手

これと似たような話が、ペンギンの世界にもあります。アフリカ南端にすむケープペンギンは、集団で海へ出て漁をします。この群れはほとんど（八五％）が成鳥ばかりで構成されていますが、幼鳥も少しは混じっています。けれど、幼鳥たちはあまり歓迎されていないらしく、成鳥と出くわすとそのほぼ九割は攻撃されて、追い払われてしまいます。これは、幼鳥たちが混じっていると、漁をしたときの効率が悪いので、成鳥たちはなるべく幼鳥を群れに加えないようにしているからだと考えられます。幼鳥たちは足手まといなのです。

一方、幼鳥の立場に立つと、一人でエサを探

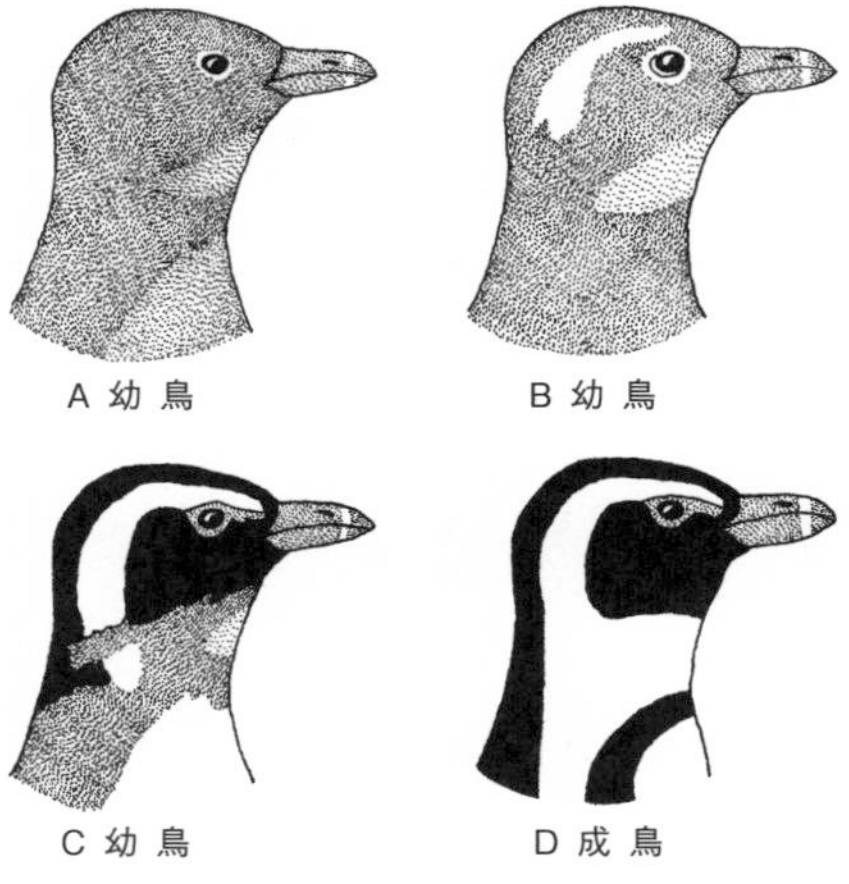

A 幼鳥　B 幼鳥
C 幼鳥　D 成鳥

図15・2　若いペンギンのなかには，頭上だけ成鳥に近い色彩に換羽するものがいる（Ryan ら[3]）

すよりも成鳥の群れに加えてもらった方がエサを捕るのは楽です。そこで、かれらは頭だけ先に成鳥の羽に換羽して、大人のフリをして群れにもぐり込むのです（図15・2）。ケープタウン大学のリャンらが調べたところによると、幼鳥たちのこの作戦はまんまと功を奏し、頭を換羽した幼鳥たちは成鳥から攻撃される頻度が低下したのです。

けれど、すべてのペンギンがこうして大人のフリをできるわけではありません。換羽中の羽は水をはじかないので体温の低下を招き、泳ぐスピードも低下してしまいます。大人のフリをして群れにもぐり込めるのは、ごく一部の若者なのです。

中身の伴わないツッパリは……

北米に、クロガオモリシトドという舌を噛みそうな名前の鳥がすんでいます。まあ、顔が黒くて、森にすむホオジロ（シトドはホオジロの古名）の意味だと思っておいてください。この鳥は冬期、群れをつくって地上でエサを探しています。そのとき、よくみると個体間にさまざまな羽色の変異がみられます。そのなかでも、もっとも黒い個体が最優位で、他の鳥を追い払ってエサにありつくことができます。もし黒さが順位を知らせる信号だとしたら、弱い個体はなぜもっと黒くなって高い地位を得ようとしないのでしょう（魚や爬虫類の体色変化と違って、鳥ではそう簡単に黒くなれるわけはありませんが）。

ローワー夫妻は群れの中の鳥を捕まえて、黒く塗ったり、雄性ホルモンを与えて気を強くしたりして、また群れへ戻すという実験を行いました[4]（表15・1）。まず第一の実験の場合、黒く塗られた劣位鳥は優位鳥に攻撃されて、順位を上げることはできませんでした。第二の実験では雄性ホルモン（テストステロン）を劣位鳥に注射し、羽色はそのままにしておきました。ホルモンを注射された鳥は行動は優位な鳥のようにふるまったのですが、結局、順位を上げることはできませんでした。それは相手が優位だと認めてくれなかったためです。結局、黒く塗って、しかもテストステロンを注射された鳥だけが順位を上げることができたのです。

それでは、黒い優位な鳥を脱色したらどうなるでしょう。ローワー夫妻のこの実験のことを私が非常勤講師で教えていた高校で、生物の時間に生徒たちに話したところ、「先生、そんなら黒いのを白したらどうなんねん？」とさっそく質問が飛んできました。そのときは、ローワー夫妻の一九七八年の論文しか読んでいませんでしたので、「そやなあ、中身はそのままでも白なったらまわりが認めてくれへんからなぁ。就職の面接でもネクタイしてへんかったら、なんぼ人柄ようても落とされるやろ」とか、適当にごまかしておいたのですが、幸い一九七七年にすでに脱色実験について書いた論文が出ていることを

表15・1　クロガオモリシトドの群れにおける順位についての実験
(S. Rohwer, F. C. Rohwer[4])

劣位鳥の処理	外 見	行 動	順位の変化
黒く塗る	優 位	劣 位	変化なし
テストステロン注射	劣 位	優 位	変化なし
黒く塗って，テストステロン注射	優 位	優 位	ランクが上昇
脱　色	劣 位	優 位	変化なし（争い増える）

知り、読んでみました。すると、脱色された鳥はそれでも優位鳥としてふるまうので争いが絶えませんでしたが、結局その地位を守り抜いたとのことでした。

ローワーのこの実験は、いろいろなことを私たちに教えてくれます。黒く塗る試みは他の鳥がそれをウソだと見抜けなかったわけですから、実験としては失敗ではありません。塗られた鳥が優位になれなかったのは、優位鳥のように行動することができなかったからだけなのです。この実験の結論は、羽色のみでは順位を上げることはできないということです。あるディスプレイは、それを裏づける行動があってこそ有効なのです。このことから、クロガオモリシトドの社会ではごまかしが防止されていることがわかります。

しかしそれでも、黒い羽色は群れ内での争いを減少させる効果はありました。〝見かけだおし〟もそれなりの意味があるのです。ですが、まわりを見渡すと、見かけだおしばかりが幅をきかせている私たちの社会は、いったい何なんだろうと思ってしまうこの頃です。

「オオカミが来た」──共通語で他人をだますカラ類

警戒声が種を問わず、共通語として通じることは、すでに第9章で紹介しました。ところが、その共通語を使って他種をだましている例があるのです。北海道で給餌台に集まる小鳥類の行動を調べていた松岡茂さんが発見したカラ類の行動がそれです[5]。冬、給餌台をつくってやるとシジュウカラ、コガラ、ハシブトガラなどのカラ類が集まってきます。ところが、エサ場では種によって順位があり、そのなかでもカラ類はもっとも弱いグループに入ります。せっかくエサ場にやってきても、自分より強い鳥がいたら、その鳥が食べ終わるまで順番を待たねばなりません。たとえエサにありついても、強い鳥がきたら簡単に追い払われてしまいます。

けれども、かれらにはかれらなりの知恵があるのです。カラ類は、エサ場に自分より優位な鳥（アトリ、スズメ、カシラダカなど）がいると、（ニセの）警戒声を発します。すると、他の鳥たちはてっきり捕食者がやってきたと思って、いっせいに逃げていきます（図15・3）。カラ類は、こうして強い鳥を追い払ってから、悠々と食物にありつくのです。警戒声が種を問わず作用することを逆手にとって、たくましく生きている北海道のカラ類には思わず脱帽してしまいます。

図 15・3 ハシブトガラがニセの警戒声を発すると，給餌台に集まっていたスズメやカシラダカが飛び立つ．その後でハシブトガラはゆっくりエサにありつける

アマゾンの混群でもだましあい

アマゾンの混群を調べたマンも、同じ現象に気がつきました。混群が森の中を進んでいくと、葉の裏に隠れていた虫が飛び出すのですが、その後を他の鳥が追いかけ始めたとたんに、アオグロアリモズやハジロモズフウキンチョウなど、先行種をつとめていた鳥が、タカ類が近づいたときに出す警戒声と同じ声を出すのです（表15・2）。そして、他の鳥が一瞬ひるんだ隙に、虫をさらっていくのです。

マンはこのことをさらにプレイ・バック実験によって確かめました（表15・3）。彼は先行種のふだんの声、ニセ警戒声、本当の警戒声を録音して、混群のメンバーに聞かせてみたのです。すると、ニセの警戒声であっても、混群の鳥たちは敏感に反応して逃避行動をとったのです。ただでは警戒しないアマゾンの先行種ですが、ここまでやるとはなかなかのものです。

あの手この手でだますクロオウチュウ

オウチュウ類もよくこの手を使います。アフリカのカラハリ砂漠でクロオウチュウの警戒声を調べたフラワー

表15・2　ハジロモズフウキンチョウが警戒声を発する場面．$p < 0.001$（Munn[6]）

	無 声	警戒声
1羽で虫を追っているとき	112	22
他種が虫を追っているとき	19	34

表15・3　アオグロアリモズの声に対する混群（地上グループ）の鳥たちの反応（Munn[6]）

	反 応	無反応
ふだんの声	0	15
ニセの警戒声	13	0
本当の警戒声	13	3

の研究によると、クロオウチュウは警戒性が強く、高い枝にとまっていて、タカなどの猛禽類が接近すると鋭い警戒声を発します。このクロオウチュウの警戒声を、まわりにいる鳥やミーアキャットが利用して、自分たちの身を守っています。クロオウチュウは、まわりの鳥やミーアキャットたちにとって、天敵の接近を警告してくれる頼もしい友人といえます[7]。

ただしそれは、クロオウチュウが正直な警戒声を発してくれているときの話です。クロオウチュウはニセの警戒声をよく発します。警戒声がウソだとは気づかない〝善良な〟鳥やミーアキャットたちは、ニセの警戒声を聞いたら、餌を落としてその場から逃げてしまいます。すると、クロオウチュウは急降下して、かれらが食べようとしていたエサを奪っていくのです。じつに、一羽のクロオウチュウが一日に摂取する食物の二三%を、ニセの警戒声を使って標的の食事を盗むことで得ているそうです。

「オオカミが来た!」を繰返すと……

では、クロオウチュウが、警戒などせずにニセの警戒声だけを出していたらどうなるでしょうか。ニセの警戒声ばかり出していたのでは、『イソップ物語』で「オオカミが来たー!」と叫んで村人をだましていた少年が本当にオオカミがやってきたときに誰からも信用してもらえなかった話と同じで、いつかはそれが効かなくなります。ですから、ときには正直に本当の警戒声も出さねばならないのです。

そこで、クロオウチュウは警戒声の音声擬態を使います。彼らは鳥類、哺乳類を含めた非常に多くの種の警戒声を出すことができます。種によってはいくつか異なる警戒声をもつものもあるので、オウチュウが使える警戒声は全部で五一種類にものぼります。

鳥以外でも、警戒に使われるある種のコミュニケーション手段が、他の個体（種）をだます目的に用いられているという例がいくつか知られています。たとえば、ドレイアリが他種のアリのコロニーの周囲で警告フェロモン（ニオイ物質）を放出して、アリを追い払ってから卵やサナギを略奪するとか、ベルベットモンキーがなわばりの境界での争いにいったん警戒声を発してみなを追い払ってしまうとか、お母さんギツネがエサに群がる子どもたちに警戒声を発して散らばらせてエサを取戻すとか、チンパンジーが警戒声を発して他個体の手にしていたものを巻き上げたり、交尾を中断させて自分がとってかわったりする例がそうです。だましあいは、人間社会の専売特許ではなく、鳥を含め、いろんな動物の社会に存在しているのです。

16 行動生態学から群れを考える

16章の扉絵 **どっちにとっても群れは有効**

小魚にとっては密集した群れでいることが生存率を高め，ペンギンにとっては集団で魚を追い込むことが採食効率を高める．

群れをつくる鳥たちについて、かれらがなぜ群れるのかを考えてきました。鳥の群れといっても、さまざまです。コウヨウチョウのように一〇〇万羽もの群れもあれば、数羽から数十羽の小さな群れもあります。最初に書いたように、ほとんどの鳥がその生活史のある部分に群れ生活をする時期をもっていますが、一生、群れに縛られて暮らす鳥は、オナガのように群れなわばりをもつ協同繁殖種以外には知られていません。混群をつくる鳥にも群れでない時期はありますし、コロニー繁殖をする鳥も互いを個体認識できるような規模のコロニーをつくるのではありません。この本では、エナガやオナガのようにヘルパーがいて協同繁殖する鳥の群れについては述べませんでした（詳しく知りたい方は文献（1）や（2）を読んでください）。

ある鳥たちが、ある時期になぜ群れるのかについては、まだわかっていないことがたくさん残っています。群れを形成する要因は、種によっても、生息環境によっても、季節によっても異なっています。群れがつくられるもともとの原動力は、天敵や厳しい環境やエサ不足（絶対的ではなく相対的な意味で）という、外的な圧力に対抗するための必要性です。そこに至る過程はそう複雑なものでないかもしれません。しかし、群れが維持されるしくみは、それとはまったく異なった内的なものです。私たちは、鳥が群れをなして行動するというと、かれらはすべて仲良く助け合っていると考えがちです。そして、群れ生活はその群れを構成するメンバーすべてにとって、なんらかの利益があると思ってしまいます。しかし、事はそう単純ではありません。

動物の行動や社会のしくみは、個体の「適応＝生存価」に基づいて進化してきました。しかし、動物の社会における諸現象を理解しようとすれば、個体だけの属性（表現型）を考えるのではなく、その個体が属する社会集団の属性を考えることが大切です。また考えておかねばならないことは、群れをつくるというそのこと自体が、群れをつくった各メンバーを、一羽でいたときとは異なった選択圧のもとに置くということです。それは、社会的選択圧といっていいでしょう。群れは、等質な個体だけで構成されているわけではありません。群れ生活から受ける利益は、個体によってさらに違ってきます。そこからは個体間のあつれきが生じ、群れ生活に種々の矛盾が生じてきます。

前に私は、「鳥たちの群れや家族が、助け合いという〝甘い〟側面だけで維持されているのではなく、その裏にもう一つの隠された一面もあるのだという見方は大切です。けれど、そうした見方のみでは不十分です。なぜなら、群れのすべての個体が利己的にふるまえば、そこにはいろんなあつれきが生じてきます。それは、その群れのメンバー全員に対して負の選択圧をかけます。利他的にふるまうことで、群れ全体の生存価を高め、その結果、平均点として個体の生存価を高める行動も、当然、予測されます。ただ、みなが利他的にふるまうときに一人だけ利己主義者がいたら、一時的には利己主義者が有利なのです。そこをどう乗り越えるかが、協同行動の進化にとって決定的な問題なのです」と書きました。

しかし、利己主義者は自分の生存に対して利己主義なのですから、たとえば密集することで自分も含めて全員が助かる確率が高まる場面では、個体は勝手な行動はとれないのではないでしょうか。それ以外のわがままな行動は、たとえばカワラバトの群れに混じったドバトがはじき出されてハヤブサに狩られてしまうように（スズメの群れにも、ときどき逃げ出したセキセイインコが混じっていますが、すぐにいなくなってしまうのはタカにやられたのだと思います）、結局、不利な行動なのです。それは、他の表現型の侵入を許さないという意味で、進化的に安定な戦略（evolutionary stable strategy, ＥＳＳ）といっていいでしょう。そしてその結果、「平均点として」個体の生存率が高まるので、利己主義者も〝満足〟し、群れにおける協調的な行動が進化してきたのだと、私は考えています。

もともと群れ生活が進化するにあたって、群れ全体の協調をやぶるような行動をとる個体は排除されたことでしょう。敵に襲われたとき、自分だけで逃げずに仲間に危険を知らせるような行動、それは敵の目を引きつけるがために利他的だといわれます。しかし、すでに敵を見つけてしまっている個体にとって、警戒声を発するコストは相対的に低いでしょう。ここでもし黙っていて、群れの仲間がタカに狩られてしまうと、次にタカに群れが狙われている場面で、自分以外の個体が、自分より先にタカに気づいて警戒声を発してくれる確率が下がります。群れメンバーが減ることによる将来のコストを計りにかけると、個体は「利己的に」警戒声を発するのでしょう。ですから、こうした一見利他的な現象は、血縁選択やとってつけたような説明をもってこなくても、「自分が生き残るために、よく組織された群れを維持する」戦略に個体が立っているとしたら説明がつきます。

グループ選択による説明をもってこなくては理解できないような現象も、そのほとんどは個体選択の観点から説明可能であるというメイナード=スミスの主張に、私も基本的に賛成です。しかし、私は集団をターゲットにして働く選択過程はあると思っています。それは集団の属性でもあり、集団メンバーとしての個体の属性から生じるものでもあります。

たとえば、非適応的なふるまいをする個体を含む群れがあった場合、その群れが捕食者にさかんに襲われたとしても、群れが全滅してしまうことはめったにないでしょう。群れの中の、群れ行動に非適応的な〝個体〟だけがやられるわけです。ここにおいて、群れをよりよく統合しようとする、個体の、一見利他的な形質が進化してくるのです。

鳥たちは、その一生の生活のさまざまな場面で臨機応変に群れをつくります。繁殖期の群れと非繁殖期の群れは、その機能も意味も異なります。多くの鳥たちは、意外にドライに割り切って、群れをつくる必要があるときだけ、〝名もなき〟個体同士で群れをつくって生活しています。冬鳥の採食群や集団ねぐらがこれにあたるでしょう。こうした群れは、そのなかにまだあまり矛盾をはらんでいない〝健全な〟群れです。このような群れでは、初期には群れを維持すること、そのこと自体が適応的なのです。

しかし、いったんつくりあげた適応的な個体関係や群れの属性も、群れをとりまく状況（生態的条件や繁殖率）が変化するにつれて、矛盾に転化していきます。それは安定した、多少とも長続きする群れをつくろうとする限り避けられないことです。しかし、群れが自分にとって多少不自由なものであれ、自分の生存に決定的に響かなければ、個体は当面、群れを維持しようとするのでしょう。そして、場合によっては矛盾を拡大してしまうのです。群れに寄生しようとする個体（混群では他種）も出てくるかもしれません。劣位の鳥が不自由を強いられたり、その繁殖力を押さえられたりする傾向が群れのなかに生まれ、それが群れの全メンバーの生活を縛る力に発展していきます。順位制が確立し、ヘルパーが生じ、ときには子殺しが起こったりするのも、高度な群れ生活というものを離れては考えられない現象です。

群れ生活の研究のおもしろさ（？）はここにあるわけで、これが多くの社会生物学者（行動生態学者）がその研究の対象に、いわゆるよく組織された群れを選んできた理由です（多くの研究者は意識していないでしょうが）。複雑な社会現象を内包している研究者好みの社会を、私たちは〝高度な〟群れ社会とよんだりしていますが、そうした社会は、見方を変えればかなり特殊化して袋小路に陥ってしまった社会なのかもしれません。人間社会でも同じですが、いったんつくりあげたしくみを、自ら〝改革〟しえない保守的な社会は、その意味で発展の可能性を断ち切っているのだといえます。

繰返しますが、個体は利己的なものだというのが行動生態学の前提です。しかしこれは、ある個体が常にどんな場面でも〝利己主義〟を発揮して、わがままにふるまうということを意味しているのではありません。また、ある時点で成功したものがもっとも適応したものであるという意味でもありません。行動生態学のパラダイムが生まれ、日本に入ってきてからもう半世紀が経ち、このパラダイムも、日本の行動学者、生態学者に自然に受け入れられるようになりました。行動生態学者が利己的な個体というとき、それは単に、自然選択が個体に対して作用するといっているだけです。行動生態学者は個体の行動（そして社会集団が全体としてとる形質）を考えるとき、それが種や集団全体のためではなく、個体にとっての適応度ではかられねばならないといっているのです。

あとがき

　この本を読まれて、どんな感想をもたれましたか？　少し難しい議論もありましたが、この本を読んで、鳥を好きな人はもちろん、鳥を知らない人やこれからバードウオッチングを始めようとする人たち、そして鳥などにこれまで興味のなかった人たちも、鳥の群れの成り立ちについて興味をもっていただけたらと思います。

　この本はもう三〇年以上も前、私が大学への就職が決まってしばらくした頃に書いた本です。内容は少しは修正しましたが、章立ても項目もほぼそのままの内容です。日々発展していく科学の世界で三〇年も前の内容が通用するのかとお思いの方もおられるかもしれません。けれど私がこの本で扱っている分野は、鳥の生態学、行動学、そして行動生態学の分野です。基本的にこうした分野で扱う野外で得られた成果は、一〇年や二〇年、いや五〇年経っても古くなるものではありません。この本で、私が三〇年前に書いた内容は、今でも十分に通用すると自信をもって言い切ることができます。

　たとえば同じ生物学でも、最先端のＤＮＡ研究の分野は日進月歩で新しい成果が発表され、それまでの常識を書き換えていく、非常に競争的で、研究者同士がしのぎを削り合う分野です。さいわい、野外鳥類学はそんな競争的な分野ではありません。同じ種類、同じテーマを扱っていても、国内の、また世界の研究者同士、情報を交換しながら、親しく付き合っていける分野です。新しいブレークスルーとなるような発見を一人の研究者がしても、誰もそれをうらやんだり、悔しがったりしません。互いにリスペクトするだけです。だから、ときどきマスコミを騒がせるデータの捏造や論文の盗作、科研費の不正使用といった問題はこの分野ではほとんど起こりません。のどかといっていい研究分野です。

かつて博物学とよばれていた自然史科学の正当な後継分野が生態学、行動学であり、そして分類学や進化学なのです。けれどこの分野でも、日々新しい発見がなされ、おもしろい論文が発表され、新しい学術雑誌が創刊されています。私が大学院生だった頃と比べると、現在のこの状況には隔世の感があります。今ではもう、生態学や行動学をレベルの低いアマチュア学問だという人はいないでしょう。

私は鳥類学者とか鳥類生態学者といわれたりしますが、正確に自分のやっている学問分野を定義づけると、鳥を材料に研究している行動生態学者（誤解されなければ社会生物学者）です。生物をＤＮＡレベルで解明しようとする還元主義的アプローチが生物学の一方にあるとすれば、もう一方は生物そのものを生態や行動、そして歴史的な、進化という視点から捉えようとする進化的総合主義とでもいえるアプローチです。それは現代生物学にパラダイムシフトを起こし、これらすべての分野を牽引している行動生態学を基盤にしています。

難しい話はこれくらいにして、読者のみなさんは、野外で鳥の群れに出会ったとき、わくわくする感動を味わいながら、かれらはなぜ群れているのだろうと考えてみて下さい。もちろん虫の集団でも、魚の群れでも同じです。プロの研究者が気づかなかった新しい答えが出てくるかもしれません。

そんな思いをもって、この改訂版を作成しました。

二〇二三年九月一七日

上田恵介

引 用 文 献

第1章

1） 桑原和之，久保田克彦，石川 勉，田悟和巳，*Strix*, 3, 66 (1984).

第2章

1） R. Gyllin, H. Kallander, M. Sylven, *Ibis*, 119, 358-361 (1977)；Y. Yom-Tov, A. Imber, J. Otterman, *Ibis*, 119, 366-368 (1977).
2） D. Lack, "Ecological Adaptations for Breeding in Birds", p.409, Methuen & Co Ltd., London (1968).
3） P. Ward, *Ibis*, 107, 173-214 (1965)；P. Ward, A. Zahavi, *Ibis*, 115, 517-534 (1973).
4） H. S. Horn, *Ecology*, 49, 682-694 (1968).
5） J. R. Krebs, *Behaviour*, 51, 99-131 (1974).
6） P. J. Weatherhead, *Anim. Behav.*, 35, 614-615 (1987).
7） J. Loman, S. Tamm, *Am. Nat.*, 115, 285-289 (1980).
8） M. Andersson, F. Gotmark, C. G. Wiklund, *Behav. Ecol. Sociobiol.*, 9, 199-202 (1981).
9） T. H. Fleming, *Ibis*, 123, 463-476 (1981).
10） A. Kiis, A. P. Møller, *Anim. Behav.*, 34, 1251-1255 (1986).
11） P. De Groot, *Anim. Behav.*, 28, 1249-1254 (1980).
12） P. P. Rabenold, *Anim. Behav.*, 35, 1775-1785 (1987).
13） D. W. Morrison, D. F. Caccamise, *Auk*, 102, 793-804 (1985)；D. F. Caccamise, D. W. Morrison, *Am. Nat.*, 128, 191-198 (1986).

第3章

1） 伊藤信義，*Tori*，33，13-28 (1984).
2） 羽田健三，小泉光弘，小林建夫，日本生態学会誌，16，71-78 (1966).
3） A. Zahavi, *Ibis*, 113, 106-109 (1971).
4） V. C. Wynne-Edwards, "Animal Dispersion in relation to Social Behaviour", Oliver & Boyd., Edinburgh (1962).
5） G. C. Williams, "Adaptation and Natural Selection", p.307, Princeton Univ. Press, Princeton & Lond (1966)；J. Maynard-Smith, *Nature*, 201, 1145-1147 (1964)；J. Maynard-Smith, *Q. Rev. Biol.*, 51, 277-283 (1976).

6) D. S. Wilson, *Am. Nat.*, 111, 157–185 (1977).
7) V. C. Wynne-Edwards, "Evolution through Group Selection", p.386, Blackwell, Oxford (1986).

第4章

1) J. R. Krebs, *Behaviour*, 51, 99–131 (1974).
2) 小城春雄，私たちの自然，1988年11月号，8.
3) 内田康夫，自然，1976年11月号，68–79.
4) M. L. Cody, *Theor. Popul. Biol.*, 2, 142–158 (1971).
5) H. H. Th. Prins, R. C. Ydenberg, R. H. Drent, *Acta Bot. Neerl.*, 29, 585–596 (1980).
6) P. Ward, *Ibis*, 107, 173–214 (1965); I. Newton, *Ibis*, 109, 33–98 (1967).
7) J. R. Krebs, M. H. MacRoberts, J. M. Cullen, *Ibis*, 114, 507–530 (1972).
8) P. P. Rabenold, *Anim. Behav.*, 35, 1775–1785 (1987); J. Ekman, M. Hake, *Behav. Ecol. Sociobiol.*, 22, 91–94 (1988).

第5章

1) M. Andersson, C. G. Wiklund, *Anim. Behav.*, 26, 1207–1212 (1978); M. Andersson, *Ibis*, 118, 208–217 (1976).
2) M. Andersson, F. Gotmark, C. G. Wiklund, *Behav. Ecol. Sociobiol.*, 9, 199–202 (1981).
3) C. G. Wiklund, *Behav. Ecol. Sociobiol.*, 11, 165–172 (1982).
4) 青柳昌宏，アニマ，1980年2月号，5–24.
5) 田宮康臣，アニマ，1980年2月号，25–31.
6) J. Picman, M. Leonard, A. Horn, *Behav. Ecol. Sociobiol.*, 22, 9–15 (1988).

第6章

1) R. E. Kenward, *J. Anim. Ecol.*, 47, 449–460 (1978).
2) B. C. R. Bertram, *Anim. Behav.*, 28, 278–286 (1980).
3) S. K. Knight, R. L. Knight, *Auk*, 103, 263–272 (1986); T. A. Waite, *Auk*, 104, 429–434 (1987); T. A. Waite, *Condor*, 89, 932–935 (1987).
4) J. R. Krebs, N. B. Davies, "行動生態学を学ぶ人に（城田安幸・上田恵介・山岸 哲 訳）", p.400，蒼樹書房，東京 (1981).
5) M. L. Gorman, H. Milne, *Ornis Scand.*, 3, 21–25 (1972); M. Williams, *Ornis Scand.*, 5, 131–143 (1974); 上田恵介，"一夫一妻の神話"，p.258，蒼樹書房，東京 (1987).
6) I. J. Patterson, A. Gilboa, D. J. Tozer, *Anim. Behav.*, 30, 199–202 (1982).

7） V. M. Mendenhall, *Ornis Scand.*, 10, 94-99 (1979).

第7章

1） J. R. Krebs, *Behaviour*, 51, 99-131 (1974).
2） J. D. Goss-Custard, "Social Behaviour in Birds and Mammals", ed. by J. H. Crook, p.3-34, Academic Press, London (1970)；J. D. Goss-Custard, *Ibis*, 118, 257-263 (1976).
3） C. J. Barnard, D. B. A. Thompson, "Gulls and Plovers：The Ecology and Behaviour of Mixed-species Feeding Groups". p.302, Croom Helm, London & Sydney (1985).
4） H. R. Pulliam, "Perspectives in Ethology", ed. by P. H. Klopfer, P. P. G. Bateson, p.311-332 (1976)；T. Caraco, *Ecology*, 60, 611-617 (1979).
5） T. Caraco, S. Martindale, H. R. Pulliam, *Nature*, 285, 400-401 (1980).
6） C. J. Barnard，アニマ，1982年9月号，42-47.

第8章

1） W. D. Hamilton, *J. Theor. Biol.*, 31, 295-311 (1971).
2） C. G. Wiklund, *Behav. Ecol. Sociobiol.*, 11, 165-172 (1982).
3） 田宮康臣，アニマ，1980年2月号，25-31.
4） 田宮康臣，*Newton*，1987年4月号，120-125.
5） W. K. Potts, *Nature*, 309, 345-346 (1984).
6） C. Reynolds, *Computer Graphics*, 21, 25-34 (1987).

第9章

1） P. Marler, *Nature*, 176, 6-8 (1955).
2） M. D. Shalter, *Z. Tierpsychol.*, 46, 260-267 (1978).
3） R. Ito, A. Mori, *Proc. Roy. Soc. Ser. B*, 277, 1275-1280 (2010).
4） J. Maynard-Smith, *Amer. Nat.*, 99, 59-63 (1965).
5） S. Rohwer, S. D. Fretwell, R. C. Tuckfield, *Amer. Midl. Nat.*, 96, 418-430 (1976).
6） M. Perrone Jr. *Wilson Bull.*, 92, 404-408 (1980).
7） D. W. Leger, J. L. Nelson, *Wilson Bull.*, 94, 322-328 (1982).
8） C. J. Barnard，アニマ，1982年9月号，42-47.

第10章

1) 福田 司，谷口一夫，アニマ，1977年3月号，85-88.
2) N. G. Smith, *Ibis*, 111, 241-243 (1969).
3) E. Curio, *Z. Tierpsychol.*, 47, 175-183 (1978).
4) E. Curio, *Anim. Behav.*, 23, 1-115 (1975).
5) C. M. Perrins, *J. Anim. Ecol.*, 34, 601-647 (1965).
6) D. F. Hennessy, *Ethology*, 72, 72-74 (1986).
7) E. Curio, K. Regelmann, *Ethology*, 72, 75-78 (1986).
8) N. W. Owens, J. D. Goss-Custard, *Evolution*, 30, 397-398 (1976)；J. L. Hoogland, P. W. Sherman, *Ecol. Monogr.*, 46, 33-58 (1976).
9) P. Marler, *Nature*, 176, 6-8 (1955).
10) H. Kruuk, *Anim. Behav.*, 24, 146-153 (1976).
11) E. Curio, *Science*, 202, 899-901 (1978).
12) 原戸鉄二郎，沖縄生物学会誌，24，35-38 (1986).
13) 嶋田 忠，アニマ，1977年1月号，92-93.
14) 内田康夫，アニマ，1977年1月号，94-95.
15) N. A. M. Verbeek, *Z. Tierpsychol.*, 67, 204-214 (1985).
16) W. M. Shields, *Anim. Behav.*, 32, 132-148 (1984).

第11章

1) R. W. Knapton, J. R. Krebs, *Condor*, 78, 567-569 (1976)；R. W. Knapton, J. R. Krebs, *Can. J. Zool.*, 52, 1413-1420 (1974).
2) T. Schjeldrup-Ebbe, *Z. Tierpsychol.*, 88, 225-252 (1922).
3) O. Hogstad, *Auk*, 104, 333-336 (1987).
4) S. M. Smith, *Auk*, 93, 95-107 (1976)；G. Ritchison, *Loon*, 51, 121-126 (1979).
5) 橘川次郎，日本生態学会誌，18, 235-246 (1968).
6) 橘川次郎，*Ibis*, 122, 437-446 (1980)；橘川次郎，アニマ，1979年3月号，68-70.
7) R. E. Hegner, *Anim. Behav.*, 33, 762-768 (1985).
8) 橘川次郎，*Behaviour*, 74, 92-100 (1980).
9) A. Zahavi, *Ibis*, 116, 84-87 (1974).

10) A. M. Guhl, N. E. Collias, W. C. Allee, *Phisiol. Zool.*, 18, 365–390 (1945).
11) J. L. Craig, *Z. Tierpsychol.*, 42, 200–205 (1976).
12) H. F. Recher, J. A. Recher, *Anim. Behav.*, 17, 320–322 (1969); G. H. Orians, *Anim. Behav.*, 17, 316–319 (1969).
13) P. J. Weatherhead, H. Greenwood, *J. Field Ornithol.*, 52, 10–15 (1981).
14) I. R. Swingland, *J. Zool. Lond.*, 182, 509–528 (1977).
15) P. J. Weatherhead, D. J. Hoysak, *Auk*, 101, 551–555 (1984).
16) J.-F. Giroux, *Auk*, 102, 900–901 (1985).
17) Y. Yom-Tov, *Ibis*, 121, 331–333 (1979).

第12章

1) H. L. Bell, *Emu*, 85, 249–253 (1986).
2) 小笠原暠，“日本の野鳥”，p.217，毎日新聞社 (1973).
3) 小笠原暠，山階鳥研報，7，69–83 (1975).
4) 石毛久美子，伊澤雅子，上田恵介，*Strix*, 20, 153–158 (2002).
5) J. P. Croxall, *Ibis*, 118, 333–346 (1976).
6) H. W. Bates, “The Naturalist on the River Amazons”, Murry Press, London (1863).
7) C. A. Munn, *Ornithological Monographs*, no. 36, 683–712 (1985).
8) G. V. N. Powell, *Auk*, 96, 375–390 (1979).
9) J. M. Diamond, *Emu*, 87, 201–211 (1987).

第13章

1) 中村登流，山階鳥研報，10，94–118 (1978).
2) M. M. Betts, *J. Anim. Ecol.*, 24, 282–323 (1955).
3) 中村登流，山階鳥研報，6，141–178 (1970).
4) G. V. N. Powell, *Ornithological Monographs*, no. 36, 713–732 (1985).
5) H. J. Brockmann, C. J. Barnard, *Anim. Behav.*, 27, 487–514 (1979).
6) J. R. Krebs, *Can. J. Zool.*, 51, 1275–1288 (1973).
7) B. C. Klein, *Auk*, 105, 583 (1988).
8) D. R. Robertson, H. P. A. Sweatman, E. A. Fletcher, M. G. Cleland, *Ecology*, 57, 1208–1220 (1976); I. Rowley *Aust. CSIRO Wildl. Res.*, 18, 25–65 (1973).

9) E. O. Willis, *Calif. Birds*, 3, 1-8 (1972); E. O. Willis, *Wilson Bull.*, 85, 75-77 (1973).
10) D. L. Pearson, *Auk*, 94, 283-292 (1977).
11) C. A. Munn, J. W. Terborgh, *Condor*, 81, 338-347 (1979).
12) 石沢慈鳥，千羽晋示，山階鳥研報，5，13-33 (1967).

第14章

1) G. Katzir, *Ardea*, 69, 209-210 (1981).
2) P. W. Greig-Smith, *Behav. Ecol. Sociobiol.*, 8, 7-10 (1981).
3) H. L. Bell, *Emu*, 85, 249-253 (1986).
4) 日野輝明，個体群生態学会会報，41，47-51 (1986).
5) J. W. Popp, *Condor*, 90, 510-512 (1988).
6) 小笠原暠，山階鳥研報，6，179-187 (1970).
7) 小笠原暠，“日本の野鳥”，p.217，毎日新聞社 (1973).
8) C. A. Munn, “Deception: Perspectives on Human and Nonhuman Deceit”, ed. by R. W. Mitchell, N. S. Thompson, p.169-175, State Univ. N. Y. Press (1986).
9) 中村登流，生物科学，40，94-102 (1988).

第15章

1) S. Rohwer, *Condor*, 80, 173-179 (1978).
2) S. Rohwer, D. M. Niles, *Z. Tierpsychol.*, 51, 282-300 (1979).
3) P. G. Ryan, R. P. Wilson, J. Cooper, *Behav. Ecol. Sociobiol.*, 20, 69-76 (1987).
4) S. Rohwer, *Behaviour*, 61, 107-129 (1977); S. Rohwer, F. C. Rohwer, *Anim. Behav.*, 26, 1012-1022 (1978).
5) 松岡 茂，鳥，29，87-90 (1980).
6) C. A. Munn, “Deception: Perspectives on Human and Nonhuman Deceit”, ed. by R. W. Mitchell, N. S. Thompson, p.169-175, State Univ. N. Y. Press (1986).
7) T. P. Flower, *Proc. Roy. Soc. B.*, 22, 1548-1555 (2011); T. P. Flower, M. Gribble, A. R. Ridley, *Science*, 344, 513-516 (2014).

第16章

1) 上田恵介，“一夫一妻の神話”，p.258，蒼樹書房，東京 (1987).
2) 江口和洋，日本鳥学会誌，54，1-22 (2005).

鳥 名 索 引*

あ 行

□アイサ類 74
□アオアシシギ 5
□アオアトリ 26
□アオガラ 101, 138, 173
□アオグロアリモズ 192, 204
□アオジ 5, 6
□アオモリハヤブサ 114
□アカアシシギ 80, 81
□アゴグロヒメドリ 51
□アシボソハイタカ 125
□アデリーペンギン 65, 88, 91
□アトリ 6, 203
□アホウドリ 2
□アマサギ 12, 46
□アマツバメ 12
□亜鳴禽類 162
□アメリカオオコノハズク 130
□アメリカオシ 74
□アメリカガラス 125
□アメリカコガラ 136, 140, 175, 176
□アメリカセイタカシギ 107
□アメリカチョウゲンボウ 51, 118
□アメリカムシクイ 51, 163
□アメリカヤマセミ 125
□アラナミキンクロ 74
□アラビアチメドリ 124, 139
□アリツグミ 161
□アリドリ 161, 163
□アリミソサザイ 161
□アリモズ 161, 164
□アリヤイロチョウ 161

□イエスズメ 57, 85, 107, 185, 186
□イシガキシジュウカラ 159
□イシガキヒヨドリ 159
□イソヒヨドリ 121, 127
□イヌワシ 51
□イワツバメ 12
□インドマミジロマルハシ 160

□ウグイス 157
□ウスグロアリモズ 174
□ウタスズメ 133
□ウチワヒメカッコウ 188
□ウトウ 10, 49
□ウミガラス 8, 9
□ウミネコ 10

□エゾビタキ 168
□エナガ 13, 14, 20, 111, 150, 153〜156, 170〜173, 184, 191
□エボシガラ 72
□エボシクマゲラ 125

□オウゴンヒワ 190
□オウチュウ 161, 165, 204
□オオアオサギ 24, 25, 48, 57, 79, 81
□オオジュリン 101, 187
□オーストラリアムシクイ類 14
□オオタカ 60, 69, 102, 118, 125

---

* 鳥の和名は，よく普及しているロビンを除いて，山階芳麿著『世界鳥類和名辞典』（大学書林）に従った．また，オオヒシクイ，ナンキョクオオトウゾクカモメなどの亜種名も収録した．

□オオトウゾクカモメ　91
□オオハクチョウ　8
□オオミズナギドリ　11
□オオヨシキリ　121
□オオルリ　3, 198
□オオワシ　6
□オシドリ　74
□オジロワシ　6, 129
□オナガ　13, 127
□オニサンショウクイ類　165
□オリイガラ　159
□オリイコゲラ　159
□オリイヤマガラ　159

か　行

□カオジロゴジュウカラ　72
□カササギ　125
□カシラダカ　5, 6, 203
□カツオドリ　8
□カッコウ　188, 189
□カ　モ　112
□カラス　129, 177
□カラ類　15, 150, 151, 156, 169, 203
□カルガモ　68, 74, 113
□カロライナコガラ　140
□カワウ　11
□カワラバト　98
□ガ　ン　6, 8
□ガンカモ類　74

□キアオジ　187
□キアシシギ　5
□キクイタダキ　15, 106, 153, 156
□キジバト　121
□キタヤナギムシクイ　187
□キツツキ類　161
□キバシカササギ　125
□キバラヒタキ　160
□キビタキ　3, 159
□キミミヒヨドリ　160
□キンメフクロウ　120

□クーパーハイタカ　125
□クモカリドリ　161
□クリイロコガラ　106, 175, 176
□クロウタドリ　101, 117, 119
□クロオウチュウ　204
□クロガオモリシトド　200
□クロコンドル　28, 30
□クロジ　6

□ケープペンギン　199
□ケ　リ　61
□ケワタガモ類　74

□コアジサシ　60, 122
□コウテイペンギン　21, 93
□コウヨウチョウ　23, 27
□コオリガモ　74
□コガラ　15, 136, 153～156, 170～173
□コクガン　53, 54
□コクマルガラス　21, 118, 132, 185, 186
□ゴクラクチョウ類　165
□コゲラ　14, 159
□コサギ　12, 40, 48
□ゴジュウカラ　15, 190
□コマツグミ　106
□コルリ　3, 198
□コンドル　27

さ　行

□サイホウチョウ　161
□サギ類　47
□サシバ　5
□サボテンミソサザイ　51
□サンコウチョウ　3, 102, 159

□サンショウクイ　3, 159

□シ　ギ　17, 82, 95, 151
□シジュウカラ　14, 56, 100, 101, 150, 153〜156, 159, 160, 170〜173, 184, 190, 191
□シジュウカラガン　74
□ショウドウツバメ　4, 12
□シラサギ　11, 12, 47
□シロボウシバト　33

□ズアオアトリ　58, 101, 117
□ズキンガラス　26
□ズクロインドチメドリ　160
□スズメ　108, 203
□スズメ亜目　162
□スズメフクロウ　102
□スズメ目　197
□ステラーカケス　125

□セイケイ　142
□セキセイインコ　211
□セグロセキレイ　110
□セジロミソサザイ　66
□セッカ　121

た　行

□ダイサギ　12, 48
□ダイゼン　82
□タイヨウチョウ　161
□タイランチョウ亜目　162
□タウンゼンドアメリカムシクイ　106
□タ　カ　5, 100, 125, 189
□タゲリ　82
□ダチョウ　70, 71, 73

□チゴハヤブサ　63
□チドリ　82, 151
□チメドリ　161, 188, 190
□チャイロオオタカ　189
□チャイロハヤブサ　189
□チャガシラヒメドリ　51
□チャノドモリチメドリ　160
□チャバライカル　51
□チュウサギ　12
□チュウシャクシギ　17
□チョウゲンボウ　124, 191

□ツクシガモ　74, 75
□ツグミ類　5
□ツバメ　4, 16, 50, 130
□ツ　ミ　121, 122, 127, 179
□ツリスガラ　15
□ツ　ル　6

□トウゾクカモメ　61, 115
□トウネン　82
□トキ類　32
□トゲハシ類　188
□ドバト　98, 121
□ト　ビ　41

な　行

□ナベヅル　7
□ナンキョクオオトウゾクカモメ　91

□ニワトリ　135, 146

□ノドグロヒメドリ　51
□ノドジロムシクイ　187
□ノハラツグミ　62, 63, 91
□ノビタキ　117, 187

は　行

□ハイタカ　125, 179
□ハイムネメジロ　137, 139

□ハギマシコ　6
□ハクセキレイ　24, 42, 122, 127
□ハクチョウ　6, 7
□ハクトウワシ　72
□ハゴロモガラス
65, 143, 145, 197
□ハシブトガラ　15, 173, 203
□ハシブトガラス　110, 129, 144
□ハシボソガラス　125, 127
□ハシボソキツツキ　125
□ハジロモズフウキンチョウ
192, 204
□ハタオリドリ　23, 165, 180
□ハチクマ　5
□ハッコウチョウ　187
□ハナドリ類　161
□ハマシギ　82, 89, 90, 95
□ハヤブサ　89, 90, 123, 125, 191
□バン　14

□ヒガラ　15, 153〜156, 170〜173
□ヒゲガラ　15
□ヒタキ類　161, 174, 190
□ヒメアマツバメ　12
□ヒメコバシガラス　125
□ヒメコンドル　30
□ヒメドリ　118
□ヒメモリハヤブサ　178
□ヒヨドリ　3, 159, 161
□ヒワ類　6

□フィンチ類　51, 52, 180
□フウキンチョウ亜科　163
□フクロウ　111, 116, 127
□プケコ　142
□ブラック・バード　65
□ブリューワーヒメドリ　51

□ベニヒワ　187
□ペリカン　49
□ペンギン　64, 199, 208

□ホオアカ　6
□ホオジロ　6, 200
□ホシムクドリ　21, 34, 38, 185, 186
□ホンケワタガモ　75

ま　行

□マガモ　78
□マガン　7
□マキバタヒバリ　187
□マダガスカルサンコウチョウ　102
□マダラサンショウクイ　160
□マツノキヒワ　190
□マナヅル　7
□マヒワ　6, 7
□マミジロテリカッコウ　188
□マルハシ類　14

□ミソサザイ　117, 163
□ミツスイ類　177
□ミツユビカモメ　61, 115
□ミミグロカッコウ　188
□ミヤマガラス　132, 144, 185, 186
□ミヤマシトド　51
□ミヤマホオジロ　6

□ムクドリ　16, 35, 36, 38, 39
□ムシクイ　4, 187
□ムナオビツグミ　106
□ムナグロ　82
□ムネアカヒワ　187
□ムラサキツバメ　197
□ムラサキマシコ　190

□鳴禽類　162
□メキシコマシコ　51
□メグロ　157
□メジロ　157, 159, 190
□メダイチドリ　82
□メンドリ　135

□モ　ズ　191
□モズモドキ科　163
□モリバト　69, 70
□モリフクロウ　118
□モリモズ類　165

や　行

□ヤドリギツグミ　117
□ヤブガラ　106
□ヤマガラ　15, 153, 170〜173
□ヤマメジロ　160

□ユキヒメドリ　51, 84
□ユリカモメ　17, 83, 118, 123

□ヨーロッパカヤクグリ　187
□ヨーロッパビンズイ　187
□ヨコジマテリカッコウ　188

ら〜わ

□リュウキュウキビタキ　159
□リュウキュウサンコウチョウ　159
□リュウキュウサンショウクイ　159
□リュウキュウツバメ　12, 121, 122
□リュウキュウメジロ　159

□ルリゴジュウカラ　160
□ルリビタキ　196, 198

□ロビン　117

□ワ　シ　6
□ワタリガラス　26

上田恵介（うえだ けいすけ）

1950年大阪に生まれる．1977年大阪府立大学大学院農学研究科修士課程修了．大阪市立大学大学院理学研究科博士課程修了（理学博士）．立教大学名誉教授，日本野鳥の会会長（2019年6月～）．鳥類を中心とした動物全般の進化生態学，行動生態学を専門とする．鳥とのかかわりは小学校の飼育係から始まり，小学校6年生のときには夏休みの宿題にサシバ（タカの一種）の巣の観察を提出し，日本野鳥の会に入会．それ以来の長い付き合いである．著書に『一夫一妻の神話』（蒼樹書房），『野外鳥類学を楽しむ』（海游舎，編集），『日本野鳥の会のとっておきの野鳥の授業』（山と渓谷社，監修），『図鑑NEO 鳥』（小学館，監修）などがある．

表紙絵・題字，扉絵　Yoko Hashiguchi

本文挿絵　竹井秀男

科学のとびら65

新版　鳥はなぜ集まる？
——群れの行動生態学

二〇二三年十一月一日　第一刷　発行

著　者　上田恵介

発行者　石田勝彦

発行所　株式会社　東京化学同人

東京都文京区千石三－三六－七（〒一一二－〇〇一一）
電　話　〇三－三九四六－五三一一
ＦＡＸ　〇三－三九四六－五三一七
URL：https://www.tkd-pbl.com/

印刷・製本　新日本印刷株式会社

ISBN 978-4-8079-1506-4